1 複素数平面

複素数の絶対値

$z=a+bi$ のとき

$$|z|=|a+bi|=\sqrt{a^2+b^2}$$

複素数の和の図表示

$z=a+bi$, $w=p+qi$
とするとき, 点 $z+w$
は点 z を実軸方向に
p, 虚軸方向に q だけ
移動した点である。

2点間の距離

複素数平面上の2点
z, w 間の距離は
$|z-w|$

2 複素数の極形式

複素数の極形式

複素数 z について, $r=|z|$, $\theta=\arg z$ とするとき

$$z=r(\cos\theta+i\sin\theta)$$

極形式による複素数の積

$z_1=r_1(\cos\theta_1+i\sin\theta_1)$,
$z_2=r_2(\cos\theta_2+i\sin\theta_2)$
のとき

$$z_1z_2=r_1r_2\{\cos(\theta_1+\theta_2)+i\sin(\theta_1+\theta_2)\}$$

すなわち

$$|z_1z_2|=|z_1||z_2|, \ \arg z_1z_2=\arg z_1+\arg z_2$$

極形式による複素数の商

$z_1=r_1(\cos\theta_1+i\sin\theta_1)$,
$z_2=r_2(\cos\theta_2+i\sin\theta_2)$
のとき

$$\frac{z_1}{z_2}=\frac{r_1}{r_2}\{\cos(\theta_1-\theta_2)+i\sin(\theta_1-\theta_2)\}$$

すなわち

$$\left|\frac{z_1}{z_2}\right|=\frac{|z_1|}{|z_2|}, \ \arg\frac{z_1}{z_2}=\arg z_1-\arg z_2$$

複素数の積の図表示

$w=r(\cos\theta+i\sin\theta)$
とするとき, 点 wz
は, 点 z を原点のま
わりに θ だけ回転し,
原点からの距離を r
倍した点である。

複素数の商の図表示

$w=r(\cos\theta+i\sin\theta)$ と
するとき, 点 $\dfrac{z}{w}$ は, 点 z
を原点のまわりに $-\theta$ だ
け回転し, 原点からの距
離を $\dfrac{1}{r}$ 倍した点である。

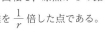

ド・モアブルの定理

n が整数のとき

$$(\cos\theta+i\sin\theta)^n=\cos n\theta+i\sin n\theta$$

3 複素数と平面図形

複素数と方程式の表す図形

(1) 点 α を中心とする半径 r の円
$$|z-\alpha|=r$$

(2) 2点 α, β を結ぶ線分の垂直二等分線
$$|z-\alpha|=|z-\beta|$$

2線分のなす角

(1) 複素数平面上の原点Oと異なる2点
A(α), B(β) に対して
$$\angle\text{AOB}=\arg\beta-\arg\alpha=\arg\frac{\beta}{\alpha}$$

(2) 複素数平面上の異なる3点 A(α),
B(β), C(γ) に対して
$$\angle\text{BAC}=\arg\frac{\gamma-\alpha}{\beta-\alpha}$$

3点の位置関係

複素数平面上の異なる3点 A(α), B(β),
C(γ) について

A, B, C が一直線上にある

$$\Longleftrightarrow \frac{\gamma-\alpha}{\beta-\alpha} \text{ が実数}$$

$$\text{AB}\perp\text{AC} \Longleftrightarrow \frac{\gamma-\alpha}{\beta-\alpha} \text{ が純虚数}$$

1 2次曲線

① 楕円

$$\frac{x^2}{a^2}+\frac{y^2}{b^2}=1 \ (a>b>0)$$

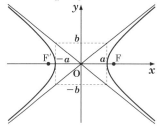

焦点 F, F′ は $(\pm\sqrt{a^2-b^2}, \ 0)$

楕円上の点Pに対して

$$\mathrm{PF}+\mathrm{PF}'=2a$$

点 $(x_1, \ y_1)$ における接線は

$$\frac{x_1 x}{a^2}+\frac{y_1 y}{b^2}=1$$

② 双曲線 $\dfrac{x^2}{a^2}-\dfrac{y^2}{b^2}=1 \ (a>0, \ b>0)$

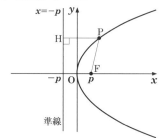

焦点 F, F′ は $(\pm\sqrt{a^2+b^2}, \ 0)$

双曲線上の点Pに対して

$$|\mathrm{PF}-\mathrm{PF}'|=2a$$

漸近線は2直線 $y=\dfrac{b}{a}x, \ y=-\dfrac{b}{a}x$

点 $(x_1, \ y_1)$ における接線は

$$\frac{x_1 x}{a^2}-\frac{y_1 y}{b^2}=1$$

③ 放物線 $y^2=4px$

焦点Fは $(p, \ 0)$　　準線は直線 $x=-p$

放物線上の点Pに対して

$$\mathrm{PF}=\mathrm{PH}$$

点 $(x_1, \ y_1)$ における接線は

$$y_1 y=2p(x+x_1)$$

2 媒介変数表示

① 円

$$x^2+y^2=r^2 \iff \begin{cases} x=r\cos\theta \\ y=r\sin\theta \end{cases}$$

② 楕円

$$\frac{x^2}{a^2}+\frac{y^2}{b^2}=1 \iff \begin{cases} x=a\cos\theta \\ y=b\sin\theta \end{cases}$$

③ サイクロイド

$$\begin{cases} x=a(\theta-\sin\theta) \\ y=a(1-\cos\theta) \end{cases}$$

3 極座標と極方程式

直交座標 $(x, \ y)$ と極座標 $(r, \ \theta)$ の関係

$$x=r\cos\theta$$
$$y=r\sin\theta$$
$$r=\sqrt{x^2+y^2}$$

直線の極方程式

極Oを通り，始線とのなす角が α の直線

$$\theta=\alpha$$

点 $A(a, \ \theta_1)$ を通り，OA に垂直な直線

$$r\cos(\theta-\theta_1)=a \ (>0)$$

2次曲線 $r=\dfrac{ae}{1-e\cos\theta}$

$0<e<1$ のとき　楕円（円を含む）

$e=1$ のとき　放物線

$e>1$ のとき　双曲線

数C704　新編数学C〈準拠〉

スパイラル
数学 C

　本書は，実教出版発行の教科書「新編数学C」の内容に完全準拠した問題集です。教科書と本書を一緒に勉強することで，教科書の内容を着実に理解し，学習効果が高められるよう編修してあります。

　教科書の例・例題・応用例題・CHECK・章末問題・思考力PLUSに対応する問題には，教科書の該当ページが示してあります。教科書を参考にしながら，本書の問題をくり返し解くことによって，教科書の「基礎・基本の確実な定着」を図ることができます。

本書の構成

まとめと要項── 項目ごとに，重要事項や要点をまとめました。

SPIRAL A ── 基礎的な問題です。教科書の例・例題に対応した問題です。

SPIRAL B ── やや発展的な問題です。主に教科書の応用例題に対応した問題です。

SPIRAL C ── 教科書の思考力PLUSや章末問題に対応した問題の他に，教科書にない問題も扱っています。

＊マーク────── ＊印の問題だけを解いていけば，基本的な問題が一通り学習できるように配慮しました。

解答──────── 巻末に，答の数値と図などをのせました。

別冊解答集──── それぞれの問題について，詳しく解答をのせました。

実教出版

2

学習の進め方

SPIRAL A

教科書の例・例題レベルで構成されています。反復的に学習することで理解を確かな
ものにしていきましょう。

6　次の計算をせよ。　　　　　　　　　　　　　　　▶國 p.10 例5

(1)　$2\vec{a} + 3\vec{a} - 4\vec{a}$　　　　　　　　*(2)　$3\vec{a} - 8\vec{b} - \vec{a} + 4\vec{b}$

(3)　$3(\vec{a} - 4\vec{b}) + 2(2\vec{a} + 3\vec{b})$　　　　*(4)　$5(\vec{a} - \vec{b}) - 2(\vec{a} - 5\vec{b})$

SPIRAL B

教科書の応用例題のレベルの問題と，やや難易度の高い応用問題で構成されています。
SPIRAL A の練習を終えたあと，思考力を高めたい場合に取り組んでください。

41　$|\vec{a}| = 3$, $|\vec{b}| = 1$, $\vec{a} \cdot \vec{b} = 2$ のとき，次の値を求めよ。　▶國 p.26 応用例題2

*(1)　$|\vec{a} - \vec{b}|$　　　　　　　　　　(2)　$|\vec{a} + 3\vec{b}|$

SPIRAL C

教科書の思考力 PLUS や章末問題レベルを含む，入試レベルの問題で構成されています。
「例題」に取り組んで思考力のポイントを理解してから，類題を解いていきましょう。

---ド・モアブルの定理の利用[3]

例題 19　$z = \cos\dfrac{2}{7}\pi + i\sin\dfrac{2}{7}\pi$ のとき，次の値を求めよ。　▶國 p.99 章末5

(1)　z^7　　　　　　　　　　　(2)　$z^6 + z^5 + z^4 + z^3 + z^2 + z + 1$

考え方　(2)　因数分解　$x^7 - 1 = (x-1)(x^6 + x^5 + x^4 + x^3 + x^2 + x + 1)$
を利用する。

解　(1)　ド・モアブルの定理より
$$z^7 = \left(\cos\frac{2}{7}\pi + i\sin\frac{2}{7}\pi\right)^7 = \cos 2\pi + i\sin 2\pi = 1 \quad \text{答}$$

(2)　(1)より　$z^7 - 1 = 0$
また　$z^7 - 1 = (z-1)(z^6 + z^5 + z^4 + z^3 + z^2 + z + 1)$
よって　$(z-1)(z^6 + z^5 + z^4 + z^3 + z^2 + z + 1) = 0$
$z \neq 1$ であるから，両辺を $z - 1$ で割ると
$$z^6 + z^5 + z^4 + z^3 + z^2 + z + 1 = 0 \quad \text{答}$$

159　$z = \cos\dfrac{4}{5}\pi + i\sin\dfrac{4}{5}\pi$ のとき，次の値を求めよ。

(1)　z^5　　　　　　　　　　(2)　$z^4 + z^3 + z^2 + z + 1$

例
5

(1) $\quad 2\vec{a} + 3\vec{a} - \vec{a} = (2+3-1)\vec{a} = 4\vec{a}$

(2) $\quad 3(2\vec{a}-\vec{b}) + 2(-\vec{a}+3\vec{b}) = 6\vec{a} - 3\vec{b} - 2\vec{a} + 6\vec{b}$
$$= (6-2)\vec{a} + (-3+6)\vec{b}$$
$$= 4\vec{a} + 3\vec{b}$$

新編数学C　p.10

応用
例題
2

—— 内積の性質の利用【2】

$|\vec{a}| = 1$, $|\vec{b}| = 3$, $\vec{a}\cdot\vec{b} = -2$ のとき，$|\vec{a}-\vec{b}|$ の値を求めよ。

解

$$|\vec{a}-\vec{b}|^2 = (\vec{a}-\vec{b})\cdot(\vec{a}-\vec{b}) \qquad \begin{aligned}&\leftarrow\ (\vec{a}-\vec{b})\cdot(\vec{a}-\vec{b})\\&=\vec{a}\cdot(\vec{a}-\vec{b})-\vec{b}\cdot(\vec{a}-\vec{b})\end{aligned}$$
$$= \vec{a}\cdot\vec{a} - \vec{a}\cdot\vec{b} - \vec{b}\cdot\vec{a} + \vec{b}\cdot\vec{b}$$
$$= |\vec{a}|^2 - 2\vec{a}\cdot\vec{b} + |\vec{b}|^2$$
$$= 1^2 - 2\times(-2) + 3^2 = 14$$

ここで，$|\vec{a}-\vec{b}| \geqq 0$ であるから
$$|\vec{a}-\vec{b}| = \sqrt{14}$$

新編数学C　p.26

5　$z = \cos\dfrac{2}{5}\pi + i\sin\dfrac{2}{5}\pi$ のとき，次の値を求めよ。　◀ p.84

(1) z^5 　　　　　　(2) $z^4 + z^3 + z^2 + z + 1$

新編数学C　p.99　　章末問題

4

目次

問題数 SPIRAL A : 111 (340)
SPIRAL B : 103 (178)
SPIRAL C : 32 (54)

合計問題数 246 (572)

注：( ) 内の数字は，各問題の小分けされた問題数

1 節　平面上のベクトル

⨁1　ベクトルとその意味

▶敦p.4〜p.5

1 ベクトル

向きを考えた線分を**有向線分**という。

有向線分 AB において，A を**始点**，B を**終点**という。

有向線分の位置を問題にしないで，その向きと大きさだけに着目した量を**ベクトル**という。有向線分 AB で表されるベクトルを $\overrightarrow{AB}$ と書く。有向線分の長さをベクトルの**大きさ**または**長さ**といい，$|\overrightarrow{AB}|$ で表す。

$\vec{a}$ と $\vec{b}$ の向きが同じで大きさも等しいとき，2 つのベクトル $\vec{a}$，$\vec{b}$ は**等しい**といい，$\vec{a} = \vec{b}$ と表す。

単位ベクトル　大きさが 1 であるベクトル

逆ベクトル $-\vec{a}$　$\vec{a}$ と大きさが等しく，向きが反対のベクトル

$$\overrightarrow{BA} = -\overrightarrow{AB}$$

SPIRAL A

*1　右の図のように，正方形 ABCD の辺 AB，BC，CD，DA の中点を，それぞれ E，F，G，H とする。このとき，次の①〜⑧のベクトルのうちから，□ に当てはまるものを 1 つ選べ。　▶敦p.5 例1

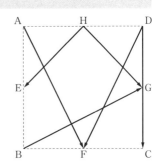

①　$\overrightarrow{AB}$　②　$\overrightarrow{BH}$　③　$\overrightarrow{CH}$　④　$\overrightarrow{DE}$
⑤　$\overrightarrow{EG}$　⑥　$\overrightarrow{FE}$　⑦　$\overrightarrow{GF}$　⑧　$\overrightarrow{HC}$

(1)　$\overrightarrow{AF}$ と □ は等しいベクトルである。

(2)　$\overrightarrow{DF}$ の逆ベクトルは □ である。

(3)　$\overrightarrow{DC}$ と □ は等しいベクトルである。

(4)　$\overrightarrow{HE}$ と □ は等しいベクトルである。

(5)　□ の逆ベクトルは $\overrightarrow{BG}$ である。

(6)　$-\overrightarrow{HG}$ と □ は等しいベクトルである。

2　右の図において，次のようなベクトルの組をすべて求めよ。

(1)　互いに等しいベクトル

(2)　互いに逆ベクトルであるもの

▶敦p.5 例1

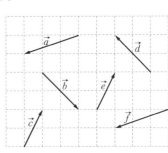

⋄2　ベクトルの演算(1)

◆1 ベクトルの加法

▶ 教p.6〜p.10

ベクトルの和　$\overrightarrow{AB} + \overrightarrow{BC} = \overrightarrow{AC}$

ベクトルの加法の計算法則

　[1]　**交換法則**　$\vec{a} + \vec{b} = \vec{b} + \vec{a}$

　[2]　**結合法則**　$(\vec{a} + \vec{b}) + \vec{c} = \vec{a} + (\vec{b} + \vec{c})$

零ベクトル　大きさは 0 で，向きは考えないベクトル。$\vec{0}$ で表す。

　$\vec{a} + \vec{0} = \vec{0} + \vec{a} = \vec{a},\ \ \vec{a} + (-\vec{a}) = (-\vec{a}) + \vec{a} = \vec{0}$

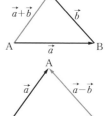

◆2 ベクトルの減法

ベクトルの差　$\overrightarrow{OA} - \overrightarrow{OB} = \overrightarrow{BA}$　　　$\vec{a} - \vec{b} = \vec{a} + (-\vec{b})$

◆3 ベクトルの実数倍

　(ⅰ)　$\vec{a} \neq \vec{0}$ のとき

　　　[1]　$k > 0$ ならば，$k\vec{a}$ は $\vec{a}$ と同じ向きで，大きさが $|\vec{a}|$ の k 倍のベクトル

　　　[2]　$k < 0$ ならば，$k\vec{a}$ は $\vec{a}$ と反対向きで，大きさが $|\vec{a}|$ の $|k|$ 倍のベクトル

　　　[3]　$k = 0$ ならば，$k\vec{a} = 0\vec{a} = \vec{0}$

　(ⅱ)　$\vec{a} = \vec{0}$ のとき　　　任意の実数 k に対して　　$k\vec{a} = k\vec{0} = \vec{0}$

◆4 実数倍の計算法則

　$k,\ l$ を実数とするとき

　　　[1]　$k(l\vec{a}) = (kl)\vec{a}$　　　[2]　$(k + l)\vec{a} = k\vec{a} + l\vec{a}$　　　[3]　$k(\vec{a} + \vec{b}) = k\vec{a} + k\vec{b}$

SPIRAL A

3　　下の図の(1)〜(6)において，$\vec{a} + \vec{b}$ を図示せよ。

▶ 教p.6 例2

*(1)

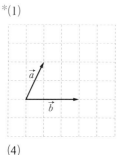

*(2)

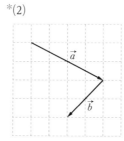

*(3)

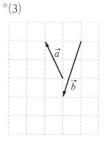

(4)

(5)

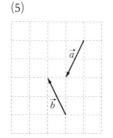

(6)

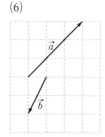

4 下の図の(1)~(6)において, $\vec{a} - \vec{b}$ を図示せよ。　▶敎p.8例3

*(1)
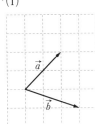

*(2)
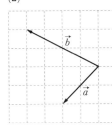

(3)
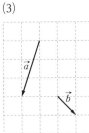

*(4)
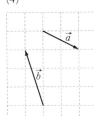

(5)
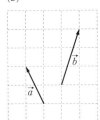

(6)
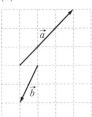

5 下の図のベクトル $\vec{a}$, $\vec{b}$ について, 次のベクトルを図示せよ。　▶敎p.9例4

*(1) $3\vec{a}$

*(2) $-2\vec{b}$

(3) $3\vec{a} + \vec{b}$

(4) $\vec{a} - 2\vec{b}$

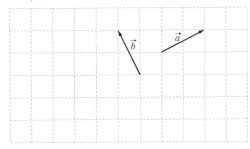

6 次の計算をせよ。　▶敎p.10例5

(1) $2\vec{a} + 3\vec{a} - 4\vec{a}$

*(2) $3\vec{a} - 8\vec{b} - \vec{a} + 4\vec{b}$

(3) $3(\vec{a} - 4\vec{b}) + 2(2\vec{a} + 3\vec{b})$

*(4) $5(\vec{a} - \vec{b}) - 2(\vec{a} - 5\vec{b})$

2 ベクトルの演算(2)

▶教p.11〜p.13

■ ベクトルの平行
$\vec{a} \neq \vec{0}$, $\vec{b} \neq \vec{0}$ のとき
$\vec{a} /\!/ \vec{b} \iff \vec{b} = k\vec{a}$ となる実数 k がある

■ ベクトルの分解
$\vec{0}$ でない2つのベクトル $\vec{a}$, $\vec{b}$ が平行でないとき，任意のベクトル $\vec{p}$ は
$\vec{p} = m\vec{a} + n\vec{b}$ ただし，m, n は実数
の形でただ1通りに表すことができる。

また，次のことが成り立つ。
$m\vec{a} + n\vec{b} = m'\vec{a} + n'\vec{b} \iff m = m'$, $n = n'$
$m\vec{a} + n\vec{b} = \vec{0} \iff m = n = 0$

SPIRAL A

*7　下の図のベクトルはいずれも $\vec{a}$ に平行である。このとき，
　　$\vec{b}$, $\vec{c}$, $\vec{d}$ を $\vec{a}$ を用いて表せ。

▶教p.11例6

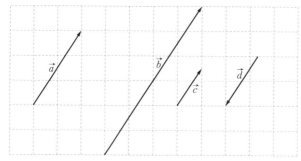

8　右の図の平行四辺形 ABCD において，
　　辺 AB，BC，CD，DA の中点をそれぞれ
　　E，F，G，H とし，$\overrightarrow{AB} = \vec{a}$，$\overrightarrow{AD} = \vec{b}$ と
　　するとき，次のベクトルを $\vec{a}$, $\vec{b}$ で表せ。

▶教p.12

*(1)　$\overrightarrow{DH}$　　　(2)　$\overrightarrow{AC}$

*(3)　$\overrightarrow{AG}$　　　(4)　$\overrightarrow{AF}$

*(5)　$\overrightarrow{FE}$　　　(6)　$\overrightarrow{FG}$

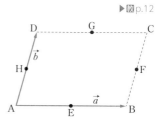

9 右の図の △OAB の辺 OA, AB, BO の中点を, それぞれ P, Q, R とし, $\overrightarrow{OA} = \vec{a}$, $\overrightarrow{OB} = \vec{b}$ とするとき, 次のベクトルを $\vec{a}$, $\vec{b}$ で表せ。　▶教p.12

*(1)　$\overrightarrow{PR}$ 　　　　(2)　$\overrightarrow{OQ}$

*(3)　$\overrightarrow{PB}$ 　　　　(4)　$\overrightarrow{AR}$

*(5)　$\overrightarrow{RP} + \overrightarrow{QP}$ 　　(6)　$\overrightarrow{BP} + \overrightarrow{QR}$

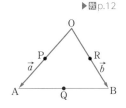

10 右の図の正方形 ABCD において, 対角線の交点を O, 辺 CD の中点を E, $\overrightarrow{AB} = \vec{a}$, $\overrightarrow{AD} = \vec{b}$ とするとき, 次のベクトルを $\vec{a}$, $\vec{b}$ で表せ。　▶教p.12

(1)　$\overrightarrow{DO}$ 　　　　*(2)　$\overrightarrow{OA}$

*(3)　$\overrightarrow{AE}$ 　　　　(4)　$\overrightarrow{BE}$

*(5)　$\overrightarrow{OB} + \overrightarrow{OC}$ 　　(6)　$\overrightarrow{EB} + \overrightarrow{OC}$

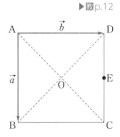

11 右の図の正六角形 ABCDEF において, 対角線の交点を O とし, $\overrightarrow{AB} = \vec{a}$, $\overrightarrow{BC} = \vec{b}$ とするとき, 次のベクトルを $\vec{a}$, $\vec{b}$ で表せ。　▶教p.13例題1

(1)　$\overrightarrow{AC}$ 　　　　*(2)　$\overrightarrow{FC}$

(3)　$\overrightarrow{AF}$ 　　　　*(4)　$\overrightarrow{EO}$

(5)　$\overrightarrow{BD}$ 　　　　*(6)　$\overrightarrow{CE}$

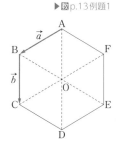

12 $\vec{0}$ でない 2 つのベクトル $\vec{a}$, $\vec{b}$ が平行でないとき, 次の等式を満たす x, y の値を求めよ。　▶教p.13例7

*(1)　$3\vec{a} + x\vec{b} = y\vec{a} - 4\vec{b}$

(2)　$(2x-5)\vec{a} + (4-3y)\vec{b} = \vec{a} - 2\vec{b}$

*(3)　$(x-1)\vec{a} + 3\vec{b} = -3\vec{a} + (y+1)\vec{b}$

(4)　$(2x-4)\vec{a} + (x-2y)\vec{b} = \vec{0}$

*(5)　$(4x+y)\vec{a} + (x-2y)\vec{b} = \vec{a} + 7\vec{b}$

(6)　$(2x+y)\vec{a} + (x-y+1)\vec{b} = \vec{0}$

SPIRAL B

13 $\vec{0}$ でない 2 つのベクトル $\vec{a}$, $\vec{b}$ が平行でないとき, 次の 2 つのベクトル $\vec{p}$, $\vec{q}$ が平行になるように, x の値を定めよ.

*(1) $\vec{p} = 2\vec{a} - 3\vec{b}$, $\vec{q} = -6\vec{a} + x\vec{b}$

(2) $\vec{p} = -3\vec{a} + 4\vec{b}$, $\vec{q} = x\vec{a} + 2\vec{b}$

14 次の等式を満たすベクトル $\vec{x}$, $\vec{y}$ を $\vec{a}$, $\vec{b}$ で表せ.

*(1) $\begin{cases} 2\vec{x} + \vec{y} = 3\vec{a} \\ 3\vec{x} - \vec{y} = 2\vec{b} \end{cases}$

(2) $\begin{cases} 2\vec{x} - 3\vec{y} = \vec{a} + \vec{b} \\ \vec{x} - \vec{y} = \vec{a} - \vec{b} \end{cases}$

15 右の図の平行四辺形 OABC において, 対角線の交点を D, 辺 OA, AB, BC, CO の中点をそれぞれ E, F, G, H とし, $\overrightarrow{OA} = \vec{a}$, $\overrightarrow{OB} = \vec{b}$ とするとき, 次のベクトルを $\vec{a}$, $\vec{b}$ で表せ.

▶壑p.12

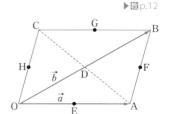

*(1) $\overrightarrow{DH}$ (2) $\overrightarrow{AF}$

*(3) $\overrightarrow{AG}$ (4) $\overrightarrow{AC}$

*(5) $\overrightarrow{FE}$ (6) $\overrightarrow{FG}$

*(7) $\overrightarrow{OF}$ (8) $\overrightarrow{HA}$

16 右の図の正六角形 ABCDEF において, 対角線の交点を O とし, $\overrightarrow{AB} = \vec{a}$, $\overrightarrow{AC} = \vec{b}$ とするとき, 次のベクトルを $\vec{a}$, $\vec{b}$ で表せ.

▶壑p.13例題1

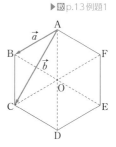

(1) $\overrightarrow{FC}$ *(2) $\overrightarrow{OD}$

(3) $\overrightarrow{AF}$ *(4) $\overrightarrow{BD}$

(5) $\overrightarrow{EA}$ *(6) $\overrightarrow{CE}$

：3　ベクトルの成分

▶數 p.14〜p.19

1 ベクトルの成分

座標平面上の 2 点 $E_1(1,\ 0)$，$E_2(0,\ 1)$ に対して
$$\vec{e_1} = \overrightarrow{OE_1},\ \vec{e_2} = \overrightarrow{OE_2}$$
とするとき，単位ベクトル $\vec{e_1}$，$\vec{e_2}$ を**基本ベクトル**という。

平面上の任意のベクトル $\vec{a}$ は，基本ベクトルを用いて
$$\vec{a} = a_1\vec{e_1} + a_2\vec{e_2}$$
と表される。このとき，a_1，a_2 を $\vec{a}$ の**成分**といい，a_1 を
x 成分，a_2 を **y 成分**という。

また，ベクトル $\vec{a}$ を，成分を用いて
$$\vec{a} = (a_1,\ a_2)$$
と表し，これをベクトル $\vec{a}$ の**成分表示**という。

$\overrightarrow{OA}$ の成分は，終点Aの座標と一致する。

ベクトルの相等　　$\vec{a} = (a_1,\ a_2)$，$\vec{b} = (b_1,\ b_2)$　のとき
$$\vec{a} = \vec{b} \iff a_1 = b_1,\ a_2 = b_2$$

ベクトルの大きさ　$\vec{a} = (a_1,\ a_2)$　のとき
$$|\vec{a}| = \sqrt{a_1{}^2 + a_2{}^2}$$

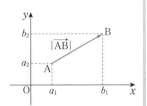

2 成分による演算

[1]　$(a_1,\ a_2) + (b_1,\ b_2) = (a_1 + b_1,\ a_2 + b_2)$

[2]　$(a_1,\ a_2) - (b_1,\ b_2) = (a_1 - b_1,\ a_2 - b_2)$

[3]　$k(a_1,\ a_2) = (ka_1,\ ka_2)$　　ただし，k は実数

3 $\overrightarrow{AB}$ の成分と大きさ

$A(a_1,\ a_2)$，$B(b_1,\ b_2)$　のとき
$$\overrightarrow{AB} = (b_1 - a_1,\ b_2 - a_2)$$
$$|\overrightarrow{AB}| = \sqrt{(b_1 - a_1)^2 + (b_2 - a_2)^2}$$

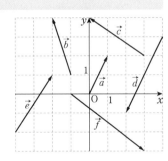

SPIRAL A

*17　右の図のベクトル
$$\vec{a},\ \vec{b},\ \vec{c},\ \vec{d},\ \vec{e},\ \vec{f}$$
について，それぞれ成分表示せよ。
また，その大きさを求めよ。

▶數 p.15 例8，9

18 $\vec{a} = (-3,\ 1)$, $\vec{b} = (4,\ 2)$ のとき，次のベクトルを成分表示せよ。

▶教p.16例10

*(1) $3\vec{a}$ (2) $-2\vec{b}$ *(3) $\vec{a} + 2\vec{b}$

(4) $2\vec{b} - 3\vec{a}$ *(5) $2(\vec{a} - \vec{b}) + 3(\vec{a} + \vec{b})$ (6) $2(3\vec{a} + 4\vec{b}) - 5(\vec{a} + 2\vec{b})$

19 次の2つのベクトルが平行になるような x の値を求めよ。 ▶教p.17例11

(1) $\vec{a} = (-2,\ 1)$, $\vec{b} = (-1,\ x)$ (2) $\vec{a} = (x,\ 2)$, $\vec{b} = (6,\ 10)$

*20 $\vec{a} = (2,\ 3)$ に平行で，大きさが $3\sqrt{13}$ であるベクトルを求めよ。

▶教p.17例題2

21 $\vec{a} = (4,\ -3)$ と同じ向きの単位ベクトルを求めよ。 ▶教p.17

22 次の $\vec{a}$, $\vec{b}$, $\vec{p}$ について，$\vec{p}$ を $m\vec{a} + n\vec{b}$ の形で表せ。 ▶教p.18例題3

*(1) $\vec{a} = (2,\ 1)$, $\vec{b} = (-1,\ 3)$, $\vec{p} = (-7,\ 7)$

(2) $\vec{a} = (-3,\ 2)$, $\vec{b} = (2,\ -1)$, $\vec{p} = (-3,\ 4)$

(3) $\vec{a} = (1,\ 2)$, $\vec{b} = (-2,\ 3)$, $\vec{p} = (5,\ 3)$

*23 3点 A$(2,\ 0)$, B$(-1,\ 5)$, C$(-3,\ 2)$ について，$\overrightarrow{AB}$, $\overrightarrow{BC}$, $\overrightarrow{CA}$ をそれぞれ成分表示せよ。また，$|\overrightarrow{AB}|$, $|\overrightarrow{BC}|$, $|\overrightarrow{CA}|$ を求めよ。 ▶教p.19例12

24 4点 A$(2,\ 3)$, B$(x,\ 1)$, C$(-3,\ 4)$, D$(0,\ y)$ について，$\overrightarrow{AB} = \overrightarrow{CD}$ が成り立つとき，x, y の値を求めよ。 ▶教p.19

*25 4点 A$(2,\ -1)$, B$(7,\ 2)$, C$(x,\ 5)$, D$(-2,\ y)$ を頂点とする四角形 ABCD が平行四辺形となるように，x, y の値を定めよ。 ▶教p.19例題4

SPIRAL B

*26 $\vec{a} = (-2,\ 4)$, $\vec{b} = (1,\ -3)$ のとき，等式 $2(\vec{a} + 3\vec{b}) = -3\vec{a} + 2\vec{x}$ を満たす $\vec{x}$ を成分表示せよ。

27 $\vec{a} = (x,\ 2)$, $\vec{b} = (1,\ y)$ とする。等式 $\vec{a} + 2\vec{b} = 3\vec{a} - 2\vec{b}$ が成り立つとき，x, y の値を求めよ。

28 $\vec{a} = (3,\ 4)$, $\vec{b} = (1,\ -2)$, $\vec{c} = (-3,\ 1)$ のとき，$\vec{a} + t\vec{b}$ と $\vec{c}$ が平行となるように，t の値を定めよ。

SPIRAL C

ベクトルと平行四辺形

例題 1

4点 A(2, 1)，B(4, 5)，C(0, 4)，D(x, y) が平行四辺形の頂点となるように，x，y の値を定めよ。

解　4点 A, B, C, D が平行四辺形の頂点となるのは，(i) 平行四辺形 ABCD，(ii) 平行四辺形 ABDC，(iii) 平行四辺形 ADBC の3つの場合である。

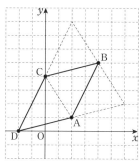

(i) 平行四辺形 ABCD のとき，$\overrightarrow{AB} = \overrightarrow{DC}$ より

$$(4-2,\ 5-1) = (0-x,\ 4-y)$$
$$(2,\ 4) = (-x,\ 4-y)$$
$$2 = -x,\ 4 = 4-y$$

よって **$x = -2$，$y = 0$** 答

(ii) 平行四辺形 ABDC のとき，$\overrightarrow{AB} = \overrightarrow{CD}$ より

$$(4-2,\ 5-1) = (x-0,\ y-4)$$
$$(2,\ 4) = (x,\ y-4)$$
$$2 = x,\ 4 = y-4$$

よって **$x = 2$，$y = 8$** 答

(iii) 平行四辺形 ADBC のとき，$\overrightarrow{AD} = \overrightarrow{CB}$ より

$$(x-2,\ y-1) = (4-0,\ 5-4)$$
$$(x-2,\ y-1) = (4,\ 1)$$
$$x-2 = 4,\ y-1 = 1$$

よって **$x = 6$，$y = 2$** 答

29 4点 A(1, 2)，B(-3, -4)，C(5, -2)，D(x, y) が平行四辺形の頂点となるように，x，y の値を定めよ。

ベクトルの大きさの最小値

例題 2

$\vec{a} = (3, 2)$，$\vec{b} = (1, 3)$ とする。t がすべての実数をとって変化するとき，$|\vec{a} + t\vec{b}|$ の最小値とそのときの t の値を求めよ。　▶p.67 章末2

解　$\vec{a} + t\vec{b} = (3, 2) + t(1, 3) = (3+t,\ 2+3t)$ であるから

$$|\vec{a} + t\vec{b}|^2 = (3+t)^2 + (2+3t)^2 = 10t^2 + 18t + 13 = 10\left(t + \frac{9}{10}\right)^2 + \frac{49}{10}$$

$|\vec{a} + t\vec{b}|^2$ が最小のとき，$|\vec{a} + t\vec{b}|$ も最小になる。

よって，$|\vec{a} + t\vec{b}|$ は **$t = -\dfrac{9}{10}$ のとき，最小値 $\dfrac{7\sqrt{10}}{10}$** をとる。 答

*30 $\vec{a} = (2, 1)$，$\vec{b} = (-3, 2)$ とする。t がすべての実数をとって変化するとき，$|\vec{a} + t\vec{b}|$ の最小値とそのときの t の値を求めよ。

:4　ベクトルの内積

▶教 p.20〜p.26

❶ 内積

2つのベクトル $\vec{a}$ と $\vec{b}$ のなす角を $\theta\,(0° \leqq \theta \leqq 180°)$ とするとき

$$\vec{a}\cdot\vec{b}=|\vec{a}||\vec{b}|\cos\theta$$

を $\vec{a}$ と $\vec{b}$ の**内積**といい，$\vec{a}\cdot\vec{b}$ と表す。

また，$\vec{a}=(a_1,\ a_2)$，$\vec{b}=(b_1,\ b_2)$ のとき

$$\vec{a}\cdot\vec{b}=a_1b_1+a_2b_2$$

❷ ベクトルのなす角

$\vec{0}$ でない2つのベクトル $\vec{a}$ と $\vec{b}$ のなす角を $\theta\,(0° \leqq \theta \leqq 180°)$ とすると

$$\cos\theta=\frac{\vec{a}\cdot\vec{b}}{|\vec{a}||\vec{b}|}$$

$\vec{a}=(a_1,\ a_2)$，$\vec{b}=(b_1,\ b_2)$ のとき

$$\cos\theta=\frac{a_1b_1+a_2b_2}{\sqrt{a_1{}^2+a_2{}^2}\sqrt{b_1{}^2+b_2{}^2}}$$

❸ ベクトルの垂直

$\vec{a}\neq\vec{0}$，$\vec{b}\neq\vec{0}$ で，$\vec{a}=(a_1,\ a_2)$，$\vec{b}=(b_1,\ b_2)$ のとき

$$\vec{a}\perp\vec{b} \iff \vec{a}\cdot\vec{b}=0$$
$$\iff a_1b_1+a_2b_2=0$$

❹ 内積の性質

[1]　$\vec{a}\cdot\vec{b}=\vec{b}\cdot\vec{a}$

[2]　$(k\vec{a})\cdot\vec{b}=\vec{a}\cdot(k\vec{b})=k(\vec{a}\cdot\vec{b})$　ただし，k は実数

[3]　$\vec{a}\cdot(\vec{b}+\vec{c})=\vec{a}\cdot\vec{b}+\vec{a}\cdot\vec{c}$

[4]　$(\vec{a}+\vec{b})\cdot\vec{c}=\vec{a}\cdot\vec{c}+\vec{b}\cdot\vec{c}$

ベクトルの大きさと内積　$\vec{a}\cdot\vec{a}=|\vec{a}|^2$

SPIRAL A

*31　次の場合について，内積 $\vec{a}\cdot\vec{b}$ を求めよ。ただし，θ は2つのベクトル $\vec{a}$ と $\vec{b}$ のなす角である。
▶教 p.20

(1)　$|\vec{a}|=2$，$|\vec{b}|=\sqrt{2}$，$\theta=45°$

(2)　$|\vec{a}|=1$，$|\vec{b}|=5$，$\theta=150°$

32　右の図の △ABC において，次の内積を求めよ。
▶教 p.20 例13

*(1)　$\overrightarrow{CA}\cdot\overrightarrow{CB}$

(2)　$\overrightarrow{BA}\cdot\overrightarrow{BC}$

*(3)　$\overrightarrow{AB}\cdot\overrightarrow{BC}$

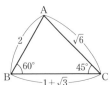

33 次のベクトル $\vec{a}$, $\vec{b}$ の内積を求めよ。　　　　　　　▶教 p.21 例14

(1) $\vec{a} = (4, -3)$, $\vec{b} = (3, 2)$　*(2) $\vec{a} = (1, -3)$, $\vec{b} = (5, -6)$

(3) $\vec{a} = (3, 4)$, $\vec{b} = (-8, 6)$　*(4) $\vec{a} = (1, -\sqrt{2})$, $\vec{b} = (\sqrt{2}, -3)$

34 次の条件を満たす 2 つのベクトル $\vec{a}$ と $\vec{b}$ のなす角 θ を求めよ。　　▶教 p.22

*(1) $|\vec{a}| = 3$, $|\vec{b}| = 4$, $\vec{a} \cdot \vec{b} = 6$　(2) $|\vec{a}| = \sqrt{2}$, $|\vec{b}| = \sqrt{5}$, $\vec{a} \cdot \vec{b} = 0$

35 次の 2 つのベクトル $\vec{a}$ と $\vec{b}$ のなす角 θ を求めよ。　　　　▶教 p.22 例題5

*(1) $\vec{a} = (3, -1)$, $\vec{b} = (-1, 2)$

(2) $\vec{a} = (\sqrt{3}, 3)$, $\vec{b} = (\sqrt{3}, 1)$

*(3) $\vec{a} = (3, 2)$, $\vec{b} = (-6, 9)$

(4) $\vec{a} = (\sqrt{3} + 1, \sqrt{3} - 1)$, $\vec{b} = (-2, 2)$

36 次の 2 つのベクトル $\vec{a}$, $\vec{b}$ が垂直となるような x の値を求めよ。

▶教 p.23 例15

(1) $\vec{a} = (6, -1)$, $\vec{b} = (x, 4)$　　　(2) $\vec{a} = (x, 3)$, $\vec{b} = (5, x - 6)$

37 次の等式が成り立つことを証明せよ。　　　　　　　　▶教 p.26 例題6

*(1) $(\vec{a} + 2\vec{b}) \cdot (\vec{a} - 2\vec{b}) = |\vec{a}|^2 - 4|\vec{b}|^2$

(2) $|3\vec{a} + 2\vec{b}|^2 = 9|\vec{a}|^2 + 12\vec{a} \cdot \vec{b} + 4|\vec{b}|^2$

SPIRAL B

38 次の問いに答えよ。

(1) $\vec{a} = (-x, \sqrt{3})$, $\vec{b} = (x, \sqrt{3})$ のとき、$\vec{a}$ と $\vec{b}$ のなす角が $60°$ になるような x の値を求めよ。

(2) $\vec{a} = (2, -3)$, $\vec{b} = (x, 4)$ のとき、$\vec{a} + \vec{b}$ と $3\vec{a} + \vec{b}$ が垂直となるような x の値を求めよ。

*39 $\vec{a} = (5, \sqrt{2})$ に垂直で、大きさが 9 であるベクトルを求めよ。

▶教 p.24 応用例題1

40 $\vec{a} = (4, -3)$ に垂直な単位ベクトルを求めよ。　　　▶教 p.24 応用例題1

41　$|\vec{a}| = 3$, $|\vec{b}| = 1$, $\vec{a} \cdot \vec{b} = 2$ のとき，次の値を求めよ。　▶國 p.26 応用例題2

*(1)　$|\vec{a} - \vec{b}|$　　　　　　　　　　　(2)　$|\vec{a} + 3\vec{b}|$

42　$\vec{a}$ と $\vec{b}$ のなす角が $45°$ で，$|\vec{a}| = \sqrt{2}$, $|\vec{b}| = 3$ のとき，$|\vec{a} + 2\vec{b}|$ の値を求めよ。

43　$|\vec{a}| = 1$, $|\vec{b}| = 4$, $|2\vec{a} + \vec{b}| = 5$ のとき，$\vec{a} \cdot \vec{b}$ の値を求めよ。

▶國 p.26 応用例題2

例題 3　　　　　　　　　　　　　　　　　ベクトルの大きさとなす角

$|\vec{a}| = 3$, $|\vec{b}| = 4$, $|\vec{a} + \vec{b}| = \sqrt{13}$ であるとき，ベクトル $\vec{a}$ と $\vec{b}$ のなす角 θ を求めよ。

解　$|\vec{a} + \vec{b}| = \sqrt{13}$ より

$$|\vec{a} + \vec{b}|^2 = (\sqrt{13})^2$$
$$(\vec{a} + \vec{b}) \cdot (\vec{a} + \vec{b}) = 13$$
$$\vec{a} \cdot \vec{a} + \vec{a} \cdot \vec{b} + \vec{b} \cdot \vec{a} + \vec{b} \cdot \vec{b} = 13$$
$$|\vec{a}|^2 + 2\vec{a} \cdot \vec{b} + |\vec{b}|^2 = 13$$
$$3^2 + 2\vec{a} \cdot \vec{b} + 4^2 = 13$$
$$\vec{a} \cdot \vec{b} = -6$$

よって　$\cos\theta = \dfrac{\vec{a} \cdot \vec{b}}{|\vec{a}||\vec{b}|} = \dfrac{-6}{3 \times 4} = -\dfrac{1}{2}$

したがって，$0° \leqq \theta \leqq 180°$ より　**$\theta = 120°$** 答

44　次の条件を満たすベクトル $\vec{a}$ と $\vec{b}$ のなす角 θ を求めよ。

*(1)　$|\vec{a}| = 2$, $|\vec{b}| = 3$, $|\vec{a} - \vec{b}| = \sqrt{7}$　　(2)　$|\vec{a} + \vec{b}| = |\vec{a} - \vec{b}|$

例題 4　　　　　　　　　　　　　　　　　　内積の性質の利用

2つのベクトル $\vec{a}$ と $\vec{b}$ が $|\vec{a}| = 3$, $|\vec{b}| = 2$, $|\vec{a} - 2\vec{b}| = 1$ を満たすとき，内積 $(2\vec{a} - 3\vec{b}) \cdot (\vec{a} + \vec{b})$ の値を求めよ。

解　$|\vec{a} - 2\vec{b}|^2 = (\vec{a} - 2\vec{b}) \cdot (\vec{a} - 2\vec{b}) = |\vec{a}|^2 - 4\vec{a} \cdot \vec{b} + 4|\vec{b}|^2$

ここで，$|\vec{a}| = 3$, $|\vec{b}| = 2$, $|\vec{a} - 2\vec{b}| = 1$ より　　$1^2 = 3^2 - 4\vec{a} \cdot \vec{b} + 4 \times 2^2$

ゆえに　　$\vec{a} \cdot \vec{b} = 6$

よって　　$(2\vec{a} - 3\vec{b}) \cdot (\vec{a} + \vec{b}) = 2|\vec{a}|^2 - \vec{a} \cdot \vec{b} - 3|\vec{b}|^2 = 2 \times 3^2 - 6 - 3 \times 2^2 = \mathbf{0}$ 答

45　2つのベクトル $\vec{a}$ と $\vec{b}$ が $|\vec{a}| = 2$, $|\vec{b}| = 1$, $|\vec{a} + 2\vec{b}| = 3$ を満たすとき，内積 $(2\vec{a} + 3\vec{b}) \cdot (\vec{a} - \vec{b})$ の値を求めよ。

46　2つのベクトル $\vec{a}$ と $\vec{b}$ が $|\vec{a}| = 2$, $|\vec{b}| = 3$, $\vec{a} \cdot \vec{b} = -1$ を満たすとき，$\vec{a} + \vec{b}$ と $\vec{a} + t\vec{b}$ が垂直となるように，t の値を定めよ。

思考力 PLUS　三角形の面積

1 三角形の面積

▶教 p.28

$\overrightarrow{\text{OA}} = \vec{a}$, $\overrightarrow{\text{OB}} = \vec{b}$, $\angle \text{AOB} = \theta$ とするとき，$\triangle \text{OAB}$ の面積 S は

$$S = \frac{1}{2}|\vec{a}||\vec{b}|\sin\theta = \frac{1}{2}\sqrt{|\vec{a}|^2|\vec{b}|^2 - (\vec{a} \cdot \vec{b})^2}$$

また，$\vec{a} = (a_1, a_2)$, $\vec{b} = (b_1, b_2)$ とするとき　$S = \frac{1}{2}|a_1 b_2 - a_2 b_1|$

SPIRAL　C

———三角形の面積

例題 **5**

3点 A$(-2, -3)$, B$(5, 1)$, C$(1, 3)$ について，次の問いに答えよ。

(1) ベクトル $\overrightarrow{\text{AB}}$, $\overrightarrow{\text{AC}}$ のなす角を θ とするとき，$\cos\theta$ の値を求めよ。

(2) $\triangle \text{ABC}$ の面積 S を求めよ。　　　　　　　　▶教 p.28

解

(1) $\overrightarrow{\text{AB}} = (7, 4)$, $\overrightarrow{\text{AC}} = (3, 6)$ より

$$\cos\theta = \frac{7 \times 3 + 4 \times 6}{\sqrt{7^2 + 4^2} \times \sqrt{3^2 + 6^2}} = \frac{45}{\sqrt{65} \times 3\sqrt{5}} = \frac{3}{\sqrt{13}} \quad \text{答}$$

(2) $\sin^2\theta + \cos^2\theta = 1$ より

$$\sin^2\theta = 1 - \cos^2\theta = 1 - \frac{9}{13} = \frac{4}{13}$$

ここで，$0° \leqq \theta \leqq 180°$ であるから　$\sin\theta \geqq 0$

よって　$\sin\theta = \frac{2}{\sqrt{13}}$

したがって　$S = \frac{1}{2} \times \text{AB} \times \text{AC} \times \sin\theta = \frac{1}{2} \times \sqrt{65} \times 3\sqrt{5} \times \frac{2}{\sqrt{13}} = \mathbf{15}$ 答

別解1 (2) $S = \frac{1}{2}\sqrt{|\overrightarrow{\text{AB}}|^2|\overrightarrow{\text{AC}}|^2 - (\overrightarrow{\text{AB}} \cdot \overrightarrow{\text{AC}})^2} = \frac{1}{2}\sqrt{65 \times 45 - 45^2} = \frac{1}{2} \times 30 = \mathbf{15}$ 答

別解2 (2) $S = \frac{1}{2}|7 \times 6 - 4 \times 3| = \frac{1}{2} \times 30 = \mathbf{15}$ 答

47 3点 A$(1, 2)$, B$(2, 0)$, C$(4, 3)$ について，次の問いに答えよ。

(1) ベクトル $\overrightarrow{\text{AB}}$, $\overrightarrow{\text{AC}}$ のなす角を θ とするとき，$\cos\theta$ の値を求めよ。

(2) $\triangle \text{ABC}$ の面積 S を求めよ。

48 次の3点を頂点とする $\triangle \text{ABC}$ の面積 S を求めよ。　　　▶教 p.28 例1

(1) A$(0, 0)$, B$(4, 1)$, C$(2, 3)$

(2) A$(1, 1)$, B$(4, -1)$, C$(-1, -3)$

2節　ベクトルの応用

| ❖1 | 位置ベクトル | ❖2 | ベクトルの図形への応用 |

▶教 p.29〜p.37

1 $\overrightarrow{\mathrm{AB}}$ と位置ベクトル

2点 $\mathrm{A}(\vec{a})$, $\mathrm{B}(\vec{b})$ に対して　　　$\overrightarrow{\mathrm{AB}} = \vec{b} - \vec{a}$

2 内分点・外分点の位置ベクトル

2点 $\mathrm{A}(\vec{a})$, $\mathrm{B}(\vec{b})$ を結ぶ線分 AB を

$m:n$ に内分する点を $\mathrm{P}(\vec{p})$ とすると　　　　　$m:n$ に外分する点を $\mathrm{Q}(\vec{q})$ とすると

$$\vec{p} = \frac{n\vec{a} + m\vec{b}}{m + n}$$

$$\vec{q} = \frac{-n\vec{a} + m\vec{b}}{m - n}$$

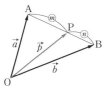

3 三角形の重心の位置ベクトル

3点 $\mathrm{A}(\vec{a})$, $\mathrm{B}(\vec{b})$, $\mathrm{C}(\vec{c})$ を頂点とする $\triangle\mathrm{ABC}$ の重心を $\mathrm{G}(\vec{g})$ とすると

$$\vec{g} = \frac{\vec{a} + \vec{b} + \vec{c}}{3}$$

4 一直線上にある3点

3点 A, B, C が一直線上にある　$\Longleftrightarrow$　$\overrightarrow{\mathrm{AC}} = k\overrightarrow{\mathrm{AB}}$　となる実数 k がある

SPIRAL A

*49　2点 $\mathrm{A}(\vec{a})$, $\mathrm{B}(\vec{b})$ に対して, 線分 AB を 3:4 に内分する点を $\mathrm{P}(\vec{p})$, 線分 AB を 5:2 に外分する点を $\mathrm{Q}(\vec{q})$ とするとき, $\vec{p}$, $\vec{q}$ を $\vec{a}$, $\vec{b}$ で表せ。

▶教 p.31 例1

50　$\triangle\mathrm{ABC}$ において, 点 A を基準とする点 B, C の位置ベクトルを $\vec{b}$, $\vec{c}$ とする。辺 BC, CA, AB を 1:3 に内分する点をそれぞれ $\mathrm{L}(\vec{l})$, $\mathrm{M}(\vec{m})$, $\mathrm{N}(\vec{n})$ とするとき, $\vec{l}$, $\vec{m}$, $\vec{n}$ を $\vec{b}$, $\vec{c}$ で表せ。

▶教 p.34 例2

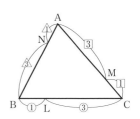

*51　次の図の2点 A, B において, 次の関係が成り立つような点 C, D の位置を図示せよ。

▶教 p.34 例2

(1)　$3\overrightarrow{\mathrm{AB}} = \overrightarrow{\mathrm{BC}}$　　　(2)　$\overrightarrow{\mathrm{AD}} = \dfrac{3}{2}\overrightarrow{\mathrm{AB}}$

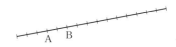

52　次の3点が一直線上にあるような x, y の値を求めよ。　▶教p.34

 *(1)　A(3, 2), B(9, 6), C(x, -2)

 (2)　A(-2, y), B(10, -1), C(2, 1)

SPIRAL B

53　3点 A($\vec{a}$), B($\vec{b}$), C($\vec{c}$) を頂点とする △ABC の辺 BC, CA, AB を 3:2 に内分する点をそれぞれ L($\vec{l}$), M($\vec{m}$), N($\vec{n}$) とする。

 このとき, 次の問いに答えよ。　▶教p.33応用例題1

 *(1)　$\vec{l}$, $\vec{m}$, $\vec{n}$ をそれぞれ $\vec{a}$, $\vec{b}$, $\vec{c}$ で表せ。

 (2)　△LMN の重心 G の位置ベクトル $\vec{g}$ を $\vec{a}$, $\vec{b}$, $\vec{c}$ で表せ。

 (3)　等式 $\overrightarrow{AL} + \overrightarrow{BM} + \overrightarrow{CN} = \vec{0}$ が成り立つことを示せ。

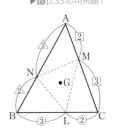

*54　平行四辺形 ABCD において, 辺 AB を 2:1 に内分する点を P, 対角線 AC を 1:3 に内分する点を Q, 辺 AD を 2:3 に内分する点を R とする。このとき, 3点 P, Q, R は一直線上にあることを示せ。　▶教p.35応用例題2

*55　△ABC において, 辺 AB を 1:2 に内分する点を D, 辺 AC の中点を E, 辺 BC を 2:1 に外分する点を F とする。このとき, 3点 D, E, F は一直線上にあることを示せ。　▶教p.35応用例題2

*56　△OAB において, 辺 OA の中点を L, 辺 OB を 1:2 に内分する点を M とし, AM と BL の交点を P とする。$\overrightarrow{OA} = \vec{a}$, $\overrightarrow{OB} = \vec{b}$ とするとき, $\overrightarrow{OP}$ を $\vec{a}$, $\vec{b}$ で表せ。　▶教p.36応用例題3

57　△OAB において, 辺 OA を 3:2 に内分する点を L, 辺 OB を 2:1 に内分する点を M とし, AM と BL の交点を P とする。$\overrightarrow{OA} = \vec{a}$, $\overrightarrow{OB} = \vec{b}$ とするとき, $\overrightarrow{OP}$ を $\vec{a}$, $\vec{b}$ で表せ。　▶教p.36応用例題3

*58　∠A = 90° の直角三角形 ABC において，辺 BC を 2:1 に内分する点を P，辺 AC の中点を Q とするとき，AP ⊥ BQ ならば AB = AC となることをベクトルを用いて証明せよ。　　　　　　　　　▶教 p.37 応用例題4

SPIRAL C

例題 6
　　　　　　　　　　　　　　　　　　　　　　　　　　　　点 P の位置
△ABC と点 P に対し，$2\overrightarrow{AP} + 3\overrightarrow{BP} + \overrightarrow{CP} = \vec{0}$ が成り立つとき，次の問いに答えよ。

(1) 点 P は △ABC においてどのような位置にあるか。

(2) 面積比 △PAB : △PBC : △PCA を求めよ。　　　　▶教 p.68 章末8

解　(1)　$2\overrightarrow{AP} + 3\overrightarrow{BP} + \overrightarrow{CP} = \vec{0}$ より

$$2\overrightarrow{AP} + 3(\overrightarrow{AP} - \overrightarrow{AB}) + (\overrightarrow{AP} - \overrightarrow{AC}) = \vec{0}$$
$$6\overrightarrow{AP} = 3\overrightarrow{AB} + \overrightarrow{AC}$$

よって

$$\overrightarrow{AP} = \frac{3\overrightarrow{AB} + \overrightarrow{AC}}{6} = \frac{2}{3} \cdot \frac{3\overrightarrow{AB} + \overrightarrow{AC}}{4}$$

ここで，辺 BC を 1:3 に内分する点を D とすると，$\overrightarrow{AD} = \dfrac{3\overrightarrow{AB} + \overrightarrow{AC}}{4}$ であるから

$$\overrightarrow{AP} = \frac{2}{3}\overrightarrow{AD}$$

したがって，辺 BC を 1:3 に内分する点を D とするとき，**点 P は線分 AD を 2:1 に内分する点**である。　答

(2)　△ABC の面積を S とおくと，BD : DC = 1 : 3 であるから

$$\triangle ADB = \frac{1}{4}S, \quad \triangle ADC = \frac{3}{4}S$$

AP : PD = 2 : 1 であるから

$$\triangle PAB = \frac{2}{3}\triangle ADB = \frac{2}{3} \cdot \frac{1}{4}S = \frac{1}{6}S, \quad \triangle PCA = \frac{2}{3}\triangle ADC = \frac{2}{3} \cdot \frac{3}{4}S = \frac{1}{2}S$$

$$\triangle PBC = S - \frac{1}{6}S - \frac{1}{2}S = \frac{1}{3}S$$

よって，$\triangle PAB : \triangle PBC : \triangle PCA = \dfrac{1}{6}S : \dfrac{1}{3}S : \dfrac{1}{2}S = \mathbf{1 : 2 : 3}$　答

59　△ABC と点 P に対し，$2\overrightarrow{AP} + 3\overrightarrow{BP} + 4\overrightarrow{CP} = \vec{0}$ が成り立つとき，次の問いに答えよ。

(1) 点 P は △ABC においてどのような位置にあるか。

(2) 面積比 △PAB : △PBC : △PCA を求めよ。

⋮3 ベクトル方程式

▶ 教 p.38〜p.44

1 方向ベクトルと直線

[1] 点 $A(\vec{a})$ を通り，$\vec{0}$ でないベクトル $\vec{u}$ に平行な直線
l のベクトル方程式は

$$\vec{p} = \vec{a} + t\vec{u} \qquad (\vec{u} \text{ を 方向ベクトル という})$$

[2] 2点 $A(\vec{a})$，$B(\vec{b})$ を通る直線 l のベクトル方程式は

$$\vec{p} = (1-t)\vec{a} + t\vec{b}$$

ここで，$1-t = s$ とおくと

$$\vec{p} = s\vec{a} + t\vec{b} \qquad ただし，s+t = 1$$

2 直線の媒介変数表示

$A(x_1,\ y_1)$，$\vec{u} = (m,\ n)$ のとき，点 A を通り，方向ベクトルが $\vec{u}$ である直線の**媒介変数表示**は

$$\begin{cases} x = x_1 + mt \\ y = y_1 + nt \end{cases} \qquad (t を媒介変数という)$$

3 法線ベクトルと直線

点 $A(\vec{a})$ を通り，$\vec{0}$ でないベクトル $\vec{n}$ に垂直な直線 l の
ベクトル方程式は

$$\vec{n} \cdot (\vec{p} - \vec{a}) = 0 \qquad (\vec{n} \text{ を 法線ベクトル という})$$

なお，$\vec{a} = (x_1,\ y_1)$，$\vec{p} = (x,\ y)$，$\vec{n} = (a,\ b)$ とすると，
この直線の方程式は

$$a(x - x_1) + b(y - y_1) = 0$$

4 円のベクトル方程式

中心 $C(\vec{c})$，半径 r の円のベクトル方程式は

$$|\vec{p} - \vec{c}| = r$$

ここで，$\vec{c} = (a,\ b)$，$\vec{p} = (x,\ y)$ とすると

$$(x - a)^2 + (y - b)^2 = r^2$$

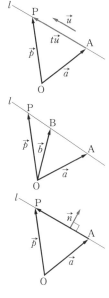

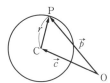

SPIRAL A

*60　点 $A(\vec{a})$ を通り，ベクトル $\vec{u}$ に平行な直線 l のベクトル方程式
$\vec{p} = \vec{a} + t\vec{u}$ において，次の t の値に対する点 P の位置を図示せよ。

▶ 教 p.38 例3

(1) $t = 3$ 　　　　(2) $t = -2$ 　　　　(3) $t = \dfrac{2}{3}$

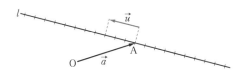

*61　次の点 A を通り，方向ベクトル $\vec{u}$ に平行な直線の方程式を，媒介変数 t を用いて媒介変数表示せよ。また，t を消去した方程式を求めよ。　▶教 p.39 例4

(1)　A(2, 3)，$\vec{u} = (-1,\ 2)$　　　　(2)　A(5, 0)，$\vec{u} = (3,\ -4)$

62　2点 A($\vec{a}$)，B($\vec{b}$) を通る直線 l のベクトル
方程式 $\vec{p} = (1-t)\vec{a} + t\vec{b}$ において，
$t = -2,\ \dfrac{1}{4},\ \dfrac{3}{2}$ に対応する点 C，D，E を
それぞれ図示せよ。　▶教 p.40 例5

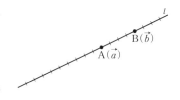

*63　次の問いに答えよ。　▶教 p.42 例6

(1)　点 A(2, 4) を通り，$\vec{n} = (3,\ 2)$ に垂直な直線の方程式を求めよ。

(2)　直線 $3x - 4y + 5 = 0$ に垂直なベクトルを1つ求めよ。

64　点 O を基準とする点 A の位置ベクトルを $\vec{a}$ とするとき，次のベクトル方程式で表される円の中心の位置ベクトルと半径を求めよ。　▶教 p.43 例7

(1)　$|\vec{p} + \vec{a}| = 4$　　　　(2)　$|3\vec{p} - \vec{a}| = 27$

SPIRAL **B**

*65　2点 A(4, 5)，B(6, 8) を通る直線を，媒介変数 t を用いて表せ。また，t を消去した方程式を求めよ。　▶教 p39，p.40

66　右の図のように，一直線上にない3点 O，A，B がある。　▶教 p.41 応用例題5
実数 s，t が次の条件を満たしながら変わるとき，
$$\overrightarrow{OP} = s\overrightarrow{OA} + t\overrightarrow{OB}$$
で定められる点 P の存在範囲をそれぞれ図示せよ。

(1)　$s + t = 1$，$t \geqq 0$　　*(2)　$s + t = 1$，$s \geqq 0$，$t \geqq 0$

*(3)　$s + t = 3$　　　　(4)　$2s + 3t = 1$

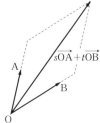

67　2点 A($\vec{a}$)，B($\vec{b}$) を直径の両端とする円周上の任意の点を P($\vec{p}$) とするとき，次の問いに答えよ。

(1)　$\vec{a}$，$\vec{b}$，$\vec{p}$ の間に成り立つ関係式を求めよ。

(2)　(1)を用いて，2点 A(2, 6)，B(6, 8) を直径の両端とする円の方程式を求めよ。

68 原点 O と異なる定点 A に対して，動点 P があり，$\overrightarrow{OA} = \vec{a}$, $\overrightarrow{OP} = \vec{p}$ とする。$2\vec{a} \cdot \vec{p} = |\vec{a}||\vec{p}|$ が成り立つとき，点 P はどのような図形を描くか。

69 点 $C(\vec{c})$ を中心とする円周上の点 $A(\vec{a})$ における円の接線上の任意の点を $P(\vec{p})$ とする。このとき，次の問いに答えよ。

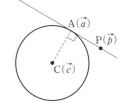

(1) この接線のベクトル方程式は
$$(\vec{p} - \vec{c}) \cdot (\vec{a} - \vec{c}) = |\vec{a} - \vec{c}|^2$$
と表されることを示せ。

(2) 点 C(2, 1) を中心とする円周上の点 A(−1, 5) における接線の方程式を，(1)のベクトル方程式を利用して求めよ。

SPIRAL　C

──点 P の存在範囲

例題 **7**

△OAB において，次の式を満たす点 P の存在範囲を図示せよ。
$$\overrightarrow{OP} = s\overrightarrow{OA} + t\overrightarrow{OB} \quad (s + t \leq 1, \ s \geq 0, \ t \geq 0)$$
ただし，s, t は実数とする。

▶教 p.68章末7

解　$s + t = k$ とおくと，$s + t \leq 1$, $s \geq 0$, $t \geq 0$
$s = t = 0$ のとき
　$k = 0$ であるから，点 P は点 O と一致する。
$s \neq 0$ または $t \neq 0$ のとき

$0 < k \leq 1$ より　$\dfrac{s}{k} + \dfrac{t}{k} = 1$, $\dfrac{s}{k} \geq 0$, $\dfrac{t}{k} \geq 0$

であるから　$\dfrac{s}{k} = s'$, $\dfrac{t}{k} = t'$ とおくと

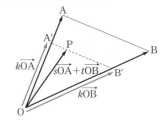

$$\overrightarrow{OP} = s\overrightarrow{OA} + t\overrightarrow{OB} = \dfrac{s}{k}(k\overrightarrow{OA}) + \dfrac{t}{k}(k\overrightarrow{OB}) = s'(k\overrightarrow{OA}) + t'(k\overrightarrow{OB})$$

$\overrightarrow{OA'} = k\overrightarrow{OA}$, $\overrightarrow{OB'} = k\overrightarrow{OB}$ を満たす 2 点 A′, B′ をとると
$$\overrightarrow{OP} = s'\overrightarrow{OA'} + t'\overrightarrow{OB'} \quad (s' + t' = 1, \ s' \geq 0, \ t' \geq 0)$$
　よって，点 P は線分 A′B′ 上の点である。
したがって，k の値が 0 から 1 まで変化すると，A′B′ ∥ AB を保ちながら，
点 A′ は，辺 OA 上を O から A まで動き，点 B′ は，辺 OB 上を O から B まで動く。
ゆえに，点 P の存在範囲は，**上の図の △OAB の周および内部**である。　**答**

70 △OAB において，次の式を満たす点 P の存在範囲を図示せよ。
$$\overrightarrow{OP} = s\overrightarrow{OA} + t\overrightarrow{OB} \quad (s + t \leq 2, \ s \geq 0, \ t \geq 0)$$
ただし，s, t は実数とする。

3節　空間のベクトル

❖1　空間の座標

▶國 p.45〜p.47

1 座標平面

x 軸と y 軸で定まる平面を **xy 平面**,
y 軸と z 軸で定まる平面を **yz 平面**,
z 軸と x 軸で定まる平面を **zx 平面**
といい, これらの平面をまとめて **座標平面** という。

2 座標空間

点 P の座標が $(a,\ b,\ c)$ であることを
$P(a,\ b,\ c)$ と表す。
座標の定められた空間を **座標空間** という。

3 2点間の距離

2 点 $P(x_1,\ y_1,\ z_1)$, $Q(x_2,\ y_2,\ z_2)$ 間の距離は
$$PQ = \sqrt{(x_2 - x_1)^2 + (y_2 - y_1)^2 + (z_2 - z_1)^2}$$
とくに, 原点 O と点 $P(x_1,\ y_1,\ z_1)$ との距離は
$$OP = \sqrt{x_1{}^2 + y_1{}^2 + z_1{}^2}$$

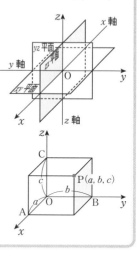

SPIRAL A

71　点 $P(4,\ 3,\ 2)$ に対して, 次の点の座標を求めよ。

▶國 p.46 例1

*(1)　xy 平面に関して対称な点 Q

(2)　yz 平面に関して対称な点 R

(3)　zx 平面に関して対称な点 S

*(4)　x 軸に関して対称な点 T

(5)　y 軸に関して対称な点 U

(6)　z 軸に関して対称な点 V

*(7)　原点に関して対称な点 W

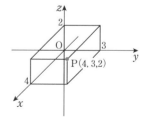

72　右の図の直方体 OABC-RSPQ において, 点 P の座標を $P(2,\ 3,\ 4)$ とするとき, 原点 O と点 P 以外の各頂点の座標を求めよ。

▶國 p.46 例1

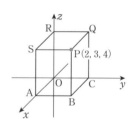

73 次の2点間の距離を求めよ。　　　　　　　　　　　　▶ 散 p.47 例2

*(1) P(1, 3, −1), Q(−2, 5, 1)

(2) P(3, −2, 5), Q(1, −1, 3)

*(3) O(0, 0, 0), P(1, 2, −3)

(4) O(0, 0, 0), P(2, −5, 4)

SPIRAL B

*74 3点 A(1, 4, 3), B(3, 1, 2), C(4, 4, 0) を頂点とする △ABC について, 次の問いに答えよ。

(1) 3辺の長さ AB, BC, CA を求めよ。

(2) △ABC は二等辺三角形であることを示せ。

75 次の3点 A, B, C を頂点とする △ABC はどのような三角形か。

(1) A(0, 1, 2), B(3, 1, 5), C(6, 3, −1)

(2) A(0, 1, 1), B(2, 0, 3), C(1, 3, 1)

*76 3点 A(2, −2, 2), B(6, 4, −2), P(x, 1, 0) がある。PA = PB となる x の値を求めよ。

77 2点 A(2, 1, 3), B(3, 2, 4) から等距離にある x 軸上の点の座標を求めよ。

78 3点 A(1, 3, 2), B(3, −1, 2), C(−1, 2, 1) から等距離にある xy 平面上の点の座標を求めよ。

79 3点 O(0, 0, 0), A(0, 0, 4), B(2, k, 2) を頂点とする △OAB が正三角形になるように, k の値を定めよ。

80 正四面体 ABCD の3つの頂点が A(2, 3, 0), B(4, 5, 0), C(2, 5, 2) であるとき, 頂点 D の座標を求めよ。

ヒント 80 正四面体 ABCD ⟹ AD² = BD² = CD² = AB²

:2　空間のベクトル⑴

◼ 空間のベクトル

▶國 p.48〜p.50

空間において有向線分の位置を問題にしないで，向きと
大きさだけに着目した量を **空間のベクトル** という。

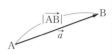

◼ 空間のベクトルと演算

平面のベクトルの場合と同様に，単位ベクトル，逆ベクトル，零ベクトル，ベクトルの
相等，加法，減法，実数倍を定義する。
また，計算法則もそのまま成り立つ。

◼ ベクトルの平行

$\vec{a} \neq \vec{0}$, $\vec{b} \neq \vec{0}$ のとき
$$\vec{a} /\!/ \vec{b} \iff \vec{b} = k\vec{a} \text{ となる実数 } k \text{ がある}$$

◼ ベクトルの分解

空間において，$\vec{0}$ でない3つのベクトル $\vec{a}$, $\vec{b}$, $\vec{c}$ が
同じ平面上にないとき，任意のベクトル $\vec{p}$ は
$$\vec{p} = l\vec{a} + m\vec{b} + n\vec{c} \qquad \text{ただし，} l, m, n \text{ は実数}$$
の形でただ1通りに表すことができる。

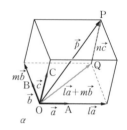

SPIRAL A

81　直方体 ABCD-EFGH において，各頂点を始点，
終点とする有向線分で表されるベクトルのうち，
次のベクトルと等しいベクトルをすべて求めよ。

▶國 p.48

(1)　$\overrightarrow{BC}$ 　　　　　　　(2)　$\overrightarrow{GH}$

(3)　$\overrightarrow{AC}$ 　　　　　　　(4)　$\overrightarrow{DE}$

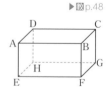

82　直方体 ABCD-EFGH において，次の等式が成り
立つことを示せ。

▶國 p.49 例4

(1)　$\overrightarrow{AC} + \overrightarrow{BF} = \overrightarrow{AG}$

(2)　$\overrightarrow{AG} - \overrightarrow{EH} = \overrightarrow{AF}$

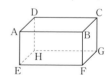

*83　直方体 ABCD-EFGH において
$$\overrightarrow{AB} = \vec{a}, \ \overrightarrow{AD} = \vec{b}, \ \overrightarrow{AE} = \vec{c}$$
とするとき，次のベクトルを $\vec{a}$, $\vec{b}$, $\vec{c}$ で表せ。

▶國 p.49 例5

(1)　$\overrightarrow{BD}$ 　　　　　　　(2)　$\overrightarrow{DG}$

(3)　$\overrightarrow{CF}$ 　　　　　　　(4)　$\overrightarrow{EG}$

(5)　$\overrightarrow{BH}$ 　　　　　　　(6)　$\overrightarrow{FD}$

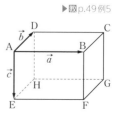

SPIRAL B

*84 四角錐 OABCD において，底面 ABCD が平行四辺形
であるとき，次の問いに答えよ。
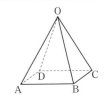

(1) $\overrightarrow{AD}$ を $\overrightarrow{OB}$, $\overrightarrow{OC}$ で表せ。

(2) $\overrightarrow{OD}$ を $\overrightarrow{OA}$, $\overrightarrow{OB}$, $\overrightarrow{OC}$ で表せ。

85 右の図のような OH = 3, OJ = 4, OK = 2 である
直方体 OHIJ-KLMN において，辺 OH, OJ, OK
上にそれぞれ点 A, B, C を OA = OB = OC = 1
となるようにとる。
$\overrightarrow{OA} = \vec{a}$, $\overrightarrow{OB} = \vec{b}$, $\overrightarrow{OC} = \vec{c}$ とするとき，$\overrightarrow{OI}$, $\overrightarrow{OM}$,
$\overrightarrow{HN}$ を $\vec{a}$, $\vec{b}$, $\vec{c}$ で表せ。
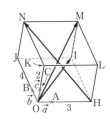

──────ベクトルの分解

例題 8 直方体 ABCD-EFGH において，次の等式が成り立つことを示せ。
$$\overrightarrow{AG} + \overrightarrow{BH} + \overrightarrow{CE} + \overrightarrow{DF} = 4\overrightarrow{AE}$$

証明
$$\overrightarrow{AG} = \overrightarrow{AB} + \overrightarrow{BC} + \overrightarrow{CG} = \overrightarrow{AB} + \overrightarrow{AD} + \overrightarrow{AE}$$
$$\overrightarrow{BH} = \overrightarrow{BA} + \overrightarrow{AD} + \overrightarrow{DH} = -\overrightarrow{AB} + \overrightarrow{AD} + \overrightarrow{AE}$$
$$\overrightarrow{CE} = \overrightarrow{CD} + \overrightarrow{DA} + \overrightarrow{AE} = -\overrightarrow{AB} - \overrightarrow{AD} + \overrightarrow{AE}$$
$$\overrightarrow{DF} = \overrightarrow{DA} + \overrightarrow{AB} + \overrightarrow{BF} = -\overrightarrow{AD} + \overrightarrow{AB} + \overrightarrow{AE}$$
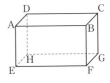

よって
$$\overrightarrow{AG} + \overrightarrow{BH} + \overrightarrow{CE} + \overrightarrow{DF} = (\overrightarrow{AB} + \overrightarrow{AD} + \overrightarrow{AE}) + (-\overrightarrow{AB} + \overrightarrow{AD} + \overrightarrow{AE})$$
$$+ (-\overrightarrow{AB} - \overrightarrow{AD} + \overrightarrow{AE}) + (-\overrightarrow{AD} + \overrightarrow{AB} + \overrightarrow{AE}) = 4\overrightarrow{AE}$$

すなわち　$\overrightarrow{AG} + \overrightarrow{BH} + \overrightarrow{CE} + \overrightarrow{DF} = 4\overrightarrow{AE}$ が成り立つ。　終

86 直方体 ABCD-EFGH において，次の等式が成り
立つことを示せ。
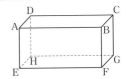

(1) 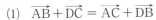 $\overrightarrow{AB} + \overrightarrow{DC} = \overrightarrow{AC} + \overrightarrow{DB}$

(2)  $\overrightarrow{AG} - \overrightarrow{BH} = \overrightarrow{DF} - \overrightarrow{CE}$

❖2 空間のベクトル(2)

▶教p.51〜p.53

◪ ベクトルの成分

座標空間において，座標軸上の $E_1(1,\ 0,\ 0)$, $E_2(0,\ 1,\ 0)$, $E_3(0,\ 0,\ 1)$ に対して，
$\vec{e_1} = \overrightarrow{OE_1}$, $\vec{e_2} = \overrightarrow{OE_2}$, $\vec{e_3} = \overrightarrow{OE_3}$ とするとき，単位ベクトル $\vec{e_1}$, $\vec{e_2}$, $\vec{e_3}$ を**基本ベクトル**という。

空間の任意のベクトル $\vec{a}$ は，基本ベクトルを用いて
$$\vec{a} = a_1\vec{e_1} + a_2\vec{e_2} + a_3\vec{e_3}$$
と表される。このとき，a_1, a_2, a_3 を $\vec{a}$ の**成分**といい，a_1 を **x 成分**，a_2 を **y 成分**，a_3 を **z 成分**という。

また，ベクトル $\vec{a}$ を，成分を用いて $\vec{a} = (a_1,\ a_2,\ a_3)$ と表し，これをベクトル $\vec{a}$ の**成分表示**という。

$\overrightarrow{OA}$ の成分は，終点 A の座標と一致する。

ベクトルの相等　$\vec{a} = (a_1,\ a_2,\ a_3)$, $\vec{b} = (b_1,\ b_2,\ b_3)$ のとき
$$\vec{a} = \vec{b} \iff a_1 = b_1,\ a_2 = b_2,\ a_3 = b_3$$

ベクトルの大きさ　$\vec{a} = (a_1,\ a_2,\ a_3)$ のとき　$|\vec{a}| = \sqrt{a_1{}^2 + a_2{}^2 + a_3{}^2}$

◪ 成分による演算

[1] $(a_1,\ a_2,\ a_3) + (b_1,\ b_2,\ b_3) = (a_1+b_1,\ a_2+b_2,\ a_3+b_3)$

[2] $(a_1,\ a_2,\ a_3) - (b_1,\ b_2,\ b_3) = (a_1-b_1,\ a_2-b_2,\ a_3-b_3)$

[3] $k(a_1,\ a_2,\ a_3) = (ka_1,\ ka_2,\ ka_3)$　　ただし，k は実数

◪ $\overrightarrow{AB}$ の成分と大きさ

$A(a_1,\ a_2,\ a_3)$, $B(b_1,\ b_2,\ b_3)$ のとき
$$\overrightarrow{AB} = (b_1-a_1,\ b_2-a_2,\ b_3-a_3)$$
$$|\overrightarrow{AB}| = \sqrt{(b_1-a_1)^2 + (b_2-a_2)^2 + (b_3-a_3)^2}$$

SPIRAL A

*87　2つのベクトル $\vec{a} = (2,\ -3,\ 1)$, $\vec{b} = (x+1,\ -y+2,\ z-3)$ について，$\vec{a} = \vec{b}$ のとき，x, y, z の値を求めよ。
▶教p.51 例6

*88　次のベクトルの大きさを求めよ。
▶教p.52 例7

(1) $\vec{a} = (2,\ 2,\ -1)$　　(2) $\vec{b} = (-3,\ 5,\ 4)$　　(3) $\vec{c} = (1,\ \sqrt{2},\ \sqrt{3})$

*89　$\vec{a} = (2,\ -3,\ 4)$, $\vec{b} = (-2,\ 3,\ 1)$ のとき，次のベクトルを成分表示せよ。
▶教p.52 例8

(1) $4\vec{a}$　　　　　　　　(2) $-\vec{b}$　　　　　　　　(3) $\vec{a} + 2\vec{b}$

(4) $\vec{a} - 3\vec{b}$　　　　　　(5) $3(\vec{a} - 2\vec{b}) - (2\vec{a} - 5\vec{b})$

*90　$\vec{a} = (4,\ -3,\ 2)$ と $\vec{b} = (x,\ y,\ 5)$ が平行になるような x, y の値を求めよ。

*91 次の2点 A，B について，$\overrightarrow{AB}$ を成分表示せよ。また，$|\overrightarrow{AB}|$ を求めよ。

▶教 p.53 例9

(1) A$(5,\ -1,\ -6)$，B$(2,\ 1,\ 2)$

(2) A$(3,\ 2,\ 1)$，B$(1,\ 1,\ 1)$

(3) A$(0,\ 3,\ -1)$，B$(-2,\ -1,\ -4)$

SPIRAL B

*92 　3点 A$(1,\ -1,\ 1)$，B$(2,\ 1,\ -1)$，C$(4,\ -1,\ 5)$ がある。四角形 ABCD が平行四辺形となるとき，点 D の座標を求めよ。

93 $\vec{a} = (x,\ y,\ -3)$，$\vec{b} = (1,\ 2,\ z)$ のとき，$\vec{a} - 3\vec{b} = \vec{0}$ が成り立つように $x,\ y,\ z$ の値を定めよ。

94 $\vec{a} = (s,\ s-1,\ 3s-1)$ と $\vec{b} = (t-1,\ t-3,\ 4)$ が平行になるような s，t の値を求めよ。

95 $\vec{a} = (2,\ -2,\ 1)$，$\vec{b} = (x,\ -4,\ 3)$ について，$|\vec{a} + \vec{b}| = |2\vec{a} - \vec{b}|$ が成り立つとき，x の値を求めよ。

96 $\vec{a} = (2,\ -2,\ 1)$ のとき，$\vec{a}$ と同じ向きの単位ベクトルを成分で表せ。

*97 $\vec{a} = (x,\ x-4,\ 4)$ について，$|\vec{a}|$ の値が最小となるように x の値を定めよ。また，そのときの $|\vec{a}|$ の値を求めよ。

98 $\vec{a} = (3,\ -4,\ 1)$，$\vec{b} = (-1,\ 2,\ 2)$ とする。t がすべての実数をとって変化するとき，$|\vec{a} + t\vec{b}|$ の最小値とそのときの t の値を求めよ。

―――――――――――ベクトルの分解
| 例題 9 | $\vec{a} = (4,\ 1,\ 0)$，$\vec{b} = (2,\ -3,\ 3)$，$\vec{c} = (0,\ 1,\ -2)$ とするとき，$\vec{p} = (4,\ 3,\ 4)$ を $l\vec{a} + m\vec{b} + n\vec{c}$ の形で表せ。 |

解　$l\vec{a} + m\vec{b} + n\vec{c} = l(4,\ 1,\ 0) + m(2,\ -3,\ 3) + n(0,\ 1,\ -2)$
$\qquad\qquad\qquad = (4l+2m,\ l-3m+n,\ 3m-2n)$
$\vec{p} = l\vec{a} + m\vec{b} + n\vec{c}$ より　$4l+2m = 4,\ l-3m+n = 3,\ 3m-2n = 4$
これを解くと　$l = 2,\ m = -2,\ n = -5$
よって　$\vec{p} = 2\vec{a} - 2\vec{b} - 5\vec{c}$ 圏

99 $\vec{a} = (3,\ -2,\ 1)$，$\vec{b} = (-1,\ 2,\ 0)$，$\vec{c} = (1,\ 1,\ 2)$ とするとき，$\vec{p} = (8,\ -3,\ 7)$ を $l\vec{a} + m\vec{b} + n\vec{c}$ の形で表せ。

❖3　ベクトルの内積

▶教p.54〜p.56

1 ベクトルの内積と成分

$\vec{0}$ でない 2 つのベクトル $\vec{a}$ と $\vec{b}$ のなす角を θ $(0° \leqq \theta \leqq 180°)$ とするとき，平面の場合と同様に $\vec{a}$ と $\vec{b}$ の内積 $\vec{a} \cdot \vec{b}$ を

$$\vec{a} \cdot \vec{b} = |\vec{a}||\vec{b}|\cos\theta$$

と定義する。

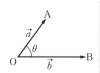

また，$\vec{a} = (a_1,\ a_2,\ a_3)$，$\vec{b} = (b_1,\ b_2,\ b_3)$　のとき

$$\vec{a} \cdot \vec{b} = a_1b_1 + a_2b_2 + a_3b_3$$

2 ベクトルのなす角

$\vec{0}$ でない 2 つのベクトル $\vec{a}$ と $\vec{b}$ のなす角を θ $(0° \leqq \theta \leqq 180°)$，$\vec{a} = (a_1,\ a_2,\ a_3)$，$\vec{b} = (b_1,\ b_2,\ b_3)$ とすると

$$\cos\theta = \frac{\vec{a} \cdot \vec{b}}{|\vec{a}||\vec{b}|} = \frac{a_1b_1 + a_2b_2 + a_3b_3}{\sqrt{a_1{}^2 + a_2{}^2 + a_3{}^2}\sqrt{b_1{}^2 + b_2{}^2 + b_3{}^2}}$$

3 ベクトルの垂直

$\vec{a} = (a_1,\ a_2,\ a_3)$，$\vec{b} = (b_1,\ b_2,\ b_3)$　のとき

$$\vec{a} \perp \vec{b} \iff \vec{a} \cdot \vec{b} = 0$$
$$\iff a_1b_1 + a_2b_2 + a_3b_3 = 0$$

SPIRAL A

*100　1 辺の長さが 2 の立方体 ABCD-EFGH において，次の内積を求めよ。

▶教p.54例10

(1)　$\overrightarrow{AB} \cdot \overrightarrow{AC}$　　　　(2)　$\overrightarrow{AB} \cdot \overrightarrow{CG}$

(3)　$\overrightarrow{AC} \cdot \overrightarrow{CF}$

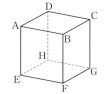

*101　次のベクトル $\vec{a}$，$\vec{b}$ について，内積 $\vec{a} \cdot \vec{b}$ を求めよ。

▶教p.55例11

(1)　$\vec{a} = (1,\ 2,\ -3)$，$\vec{b} = (5,\ 4,\ 3)$

(2)　$\vec{a} = (3,\ -2,\ 1)$，$\vec{b} = (4,\ -5,\ -7)$

*102　次の 2 つのベクトル $\vec{a}$ と $\vec{b}$ のなす角 θ を求めよ。

▶教p.55例題1

(1)　$\vec{a} = (4,\ -1,\ -1)$，$\vec{b} = (2,\ 1,\ -2)$

(2)　$\vec{a} = (1,\ -2,\ 2)$，$\vec{b} = (-1,\ 1,\ 0)$

(3)　$\vec{a} = (1,\ -3,\ 5)$，$\vec{b} = (7,\ 4,\ 1)$

*103　$\vec{a} = (1,\ 2,\ -1)$，$\vec{b} = (x,\ 1,\ 3)$ が垂直となるような x の値を求めよ。

▶教p.56例12

第1章 ベクトル

SPIRAL B

*104 3点 A(1, 0, −4), B(2, 1, −2), C(0, 2, −3) を頂点とする △ABC について，次の問いに答えよ。

(1) 内積 $\overrightarrow{\mathrm{AB}} \cdot \overrightarrow{\mathrm{AC}}$ を求めよ。

(2) ∠BAC の大きさを求めよ。

(3) △ABC の面積を求めよ。

105 1辺の長さが a の正四面体 ABCD において，辺 BC の中点を M とするとき，次の問いに答えよ。

(1) 内積 $\overrightarrow{\mathrm{AD}} \cdot \overrightarrow{\mathrm{AM}}$ を求めよ。

(2) ∠DAM $= \theta$ とするとき，$\cos\theta$ の値を求めよ。

106 $\vec{a} = (x,\ y,\ 2),\ \vec{b} = (3,\ -6,\ 0)$ のとき，$\vec{a} \perp \vec{b},\ |\vec{a}| = 3$ となるように $x,\ y$ の値を定めよ。

*107 2つのベクトル $\vec{a} = (2,\ -2,\ 1),\ \vec{b} = (2,\ 3,\ -4)$ の両方に垂直で，大きさが3であるベクトルを求めよ。　　　　　　　　　▶教 p.56 応用例題1

108 3つのベクトル $\vec{a} = (x,\ 1,\ -2),\ \vec{b} = (-1,\ y,\ -4),\ \vec{c} = (1,\ -1,\ z)$ が互いに垂直となるように，$x,\ y,\ z$ の値を定めよ。

109 $|\vec{a}| = 1,\ |\vec{b}| = 2$ で，$\vec{a} + 2\vec{b}$ と $3\vec{a} - \vec{b}$ が垂直となるとき，2つのベクトル $\vec{a}$ と $\vec{b}$ のなす角 θ を求めよ。　　　　　　　　　▶教 p.67 章末1

⋮4　位置ベクトルと空間の図形(1)

▶敎 p.57~p.62, p.69

1 $\overrightarrow{AB}$ と位置ベクトル

2点 A($\vec{a}$)，B($\vec{b}$) に対して　$\overrightarrow{AB} = \vec{b} - \vec{a}$

2 内分点・外分点の位置ベクトル

2点 A($\vec{a}$)，B($\vec{b}$) を結ぶ線分 AB について

$m : n$ に内分する点を P($\vec{p}$) とすると

$$\vec{p} = \frac{n\vec{a} + m\vec{b}}{m + n}$$

$m : n$ に外分する点を Q($\vec{q}$) とすると

$$\vec{q} = \frac{-n\vec{a} + m\vec{b}}{m - n}$$

3 三角形の重心の位置ベクトル

3点 A($\vec{a}$)，B($\vec{b}$)，C($\vec{c}$) を頂点とする △ABC の重心を G($\vec{g}$) とすると

$$\vec{g} = \frac{\vec{a} + \vec{b} + \vec{c}}{3}$$

4 一直線上にある3点

3点 A，B，C が　　　　$\overrightarrow{AC} = k\overrightarrow{AB}$ となる
一直線上にある　　$\Longleftrightarrow$　　実数 k がある

5 同じ平面上にある4点

点 P が一直線上にない3点 A，B，C と同じ平面上にある
　$\Longleftrightarrow$　$\overrightarrow{AP} = s\overrightarrow{AB} + t\overrightarrow{AC}$ となる実数 s，t がある
　$\Longleftrightarrow$　$\vec{p} = r\vec{a} + s\vec{b} + t\vec{c}$　　　ただし，$r + s + t = 1$
　　となる実数 r，s，t がある

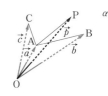

SPIRAL A

*110 四面体 OABC において，辺 AB を 2:1 に内分
する点を P，辺 OC を 3:1 に内分する点を Q，
辺 BC の中点を M とする。点 O を基準とする A，
B，C の位置ベクトルをそれぞれ $\vec{a}$，$\vec{b}$，$\vec{c}$ として，
次のベクトルを $\vec{a}$，$\vec{b}$，$\vec{c}$ で表せ。

▶敎 p.58例13

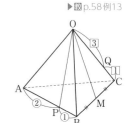

(1)　$\overrightarrow{MP}$　　　　(2)　$\overrightarrow{MQ}$　　　　(3)　$\overrightarrow{PQ}$

*111 3点 A(1，−3，7)，B(−5，9，1)，C(1，3，−2) に対して，△ABC の重
心を G とするとき，$\overrightarrow{OG}$ を成分表示せよ。　▶敎 p.58

*112 2点 A(1，2，−2)，B(8，−5，5) を結ぶ線分 AB に対して，次の各点の
座標を求めよ。　▶敎 p.59例14

(1)　線分 AB を 4:3 に内分する点 P
(2)　線分 AB を 3:4 に内分する点 Q
(3)　線分 AB を 4:3 に外分する点 R

SPIRAL B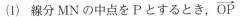

113 3点 A(2, 3, 4), B(3, −2, 1), C(x, y, 5) が一直線上にあるように, x, y の値を定めよ。

114 四面体 OABC において, △ABC の重心を G, 辺 OA, BC の中点をそれぞれ M, N とする。 $\overrightarrow{OA} = \vec{a}$, $\overrightarrow{OB} = \vec{b}$, $\overrightarrow{OC} = \vec{c}$ として, 次のベクトルを $\vec{a}$, $\vec{b}$, $\vec{c}$ で表せ。

▶教 p.58 例13

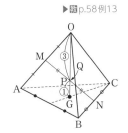

(1) 線分 MN の中点を P とするとき, $\overrightarrow{OP}$

(2) 線分 OG を 3 : 1 に内分する点を Q とするとき, $\overrightarrow{OQ}$

115 平行六面体 ABCD-EFGH において, △BDE の重心を P, 線分 AE の中点を M とするとき, 3 点 M, P, C は一直線上にあり, MP : PC = 1 : 2 であることを証明せよ。

▶教 p.60 応用例題2

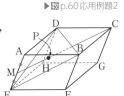

―――直線上にある3点

例題 **10**

2 点 A(2, −1, 1), B(6, −5, 2) および xy 平面上の点Pが一直線上にあるとき, 点Pの座標を求めよ。

考え方　Pは xy 平面上にあるから, P(x, y, 0) とおける。ここで, $\overrightarrow{AP} = k\overrightarrow{AB}$ となる実数 k を用いて, x, y を求める。

解　点Pは xy 平面上にあるから, P(x, y, 0) とおける。3 点 A, B, P は一直線上にあるから, $\overrightarrow{AP} = k\overrightarrow{AB}$ となる実数 k がある。ここで
$$\overrightarrow{AP} = (x-2,\ y+1,\ -1),\quad \overrightarrow{AB} = (4,\ -4,\ 1)$$
であるから
$$(x-2,\ y+1,\ -1) = k(4,\ -4,\ 1)$$
$$x-2 = 4k,\ y+1 = -4k,\ -1 = k$$
より　$k = -1$, $x = -2$, $y = 3$
よって　**P(−2, 3, 0)** 答

116 2 点 A(1, −2, −1), B(2, 1, −3) および yz 平面上の点 P が一直線上にあるとき, 点 P の座標を求めよ。

*117 $\overrightarrow{AP} = (x, \ 3, \ -5)$, $\overrightarrow{AB} = (-2, \ 1, \ -3)$, $\overrightarrow{AC} = (3, \ 0, \ 2)$ に対して，$\overrightarrow{AP} = m\overrightarrow{AB} + n\overrightarrow{AC}$ となる実数 m, n の値を求めよ．また，このときの x の値を求めよ．

*118 点 $P(x, \ -3, \ 8)$ が 3 点 $A(2, \ 0, \ 3)$, $B(1, \ 3, \ -1)$, $C(-3, \ 1, \ 2)$ と同じ平面上にあるとき，x の値を求めよ． ▶教p.61 応用例題3

SPIRAL C

<table>
<tr><td>例題
11</td><td>直方体 OADB-CEGF において，辺 EG を 2:1 に内分する点Hをとり，直線 OH と平面 ABC の交点をLとする。このとき，$\overrightarrow{OL}$ を $\overrightarrow{OA}$, $\overrightarrow{OB}$, $\overrightarrow{OC}$ を用いて表せ。 ▶教p.69 思考力◆発展</td><td>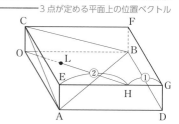
3点が定める平面上の位置ベクトル</td></tr>
</table>

考え方　点 L が平面 ABC 上にある

$\iff$ $\overrightarrow{OL} = r\overrightarrow{OA} + s\overrightarrow{OB} + t\overrightarrow{OC}$, $r + s + t = 1$ となる実数 r, s, t がある。

解　　$\overrightarrow{OH} = \overrightarrow{OA} + \overrightarrow{AE} + \overrightarrow{EH}$

$\qquad = \overrightarrow{OA} + \overrightarrow{OC} + \dfrac{2}{3}\overrightarrow{OB}$

点Lは直線 OH 上にあるから，$\overrightarrow{OL} = k\overrightarrow{OH}$ となる実数 k がある。

よって　$\overrightarrow{OL} = k\left(\overrightarrow{OA} + \dfrac{2}{3}\overrightarrow{OB} + \overrightarrow{OC}\right)$

$\qquad = k\overrightarrow{OA} + \dfrac{2}{3}k\overrightarrow{OB} + k\overrightarrow{OC}$ ……①

ここで，L は平面 ABC 上にあるから

$k + \dfrac{2}{3}k + k = 1$

これを解いて　$k = \dfrac{3}{8}$

したがって，①より

$\overrightarrow{OL} = \dfrac{3}{8}\overrightarrow{OA} + \dfrac{1}{4}\overrightarrow{OB} + \dfrac{3}{8}\overrightarrow{OC}$ 答

119 直方体 OADB-CEGF において，辺 DG の G の側への延長上に GH = 2DG となる点 H をとり，直線 OH と平面 ABC の交点を L とする。このとき，$\overrightarrow{OL}$ を $\overrightarrow{OA}$, $\overrightarrow{OB}$, $\overrightarrow{OC}$ を用いて表せ。

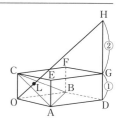

*120　正四面体 OABC において，△ABC の
重心を G とする。このとき，

OG ⊥ AB，OG ⊥ AC

であることをベクトルを用いて証明せよ。

▶教 p.62 応用例題4

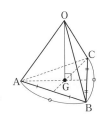

例題
12　1辺の長さが1の正四面体 OABC において，
辺 AB を 2:1 に内分する点を P，辺 OC を 3:1
に内分する点を Q とする。次の値を求めよ。

(1) $|\overrightarrow{OP}|$　　　　(2) $\overrightarrow{OP} \cdot \overrightarrow{OQ}$

内積の利用[1]

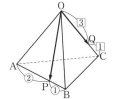

解　$\overrightarrow{OA} = \vec{a}$，$\overrightarrow{OB} = \vec{b}$，$\overrightarrow{OC} = \vec{c}$ とおくと

$|\vec{a}| = |\vec{b}| = |\vec{c}| = 1$，

$\vec{a} \cdot \vec{b} = \vec{b} \cdot \vec{c} = \vec{c} \cdot \vec{a} = 1 \cdot 1 \cos 60° = \dfrac{1}{2}$

(1) $\overrightarrow{OP} = \dfrac{\vec{a} + 2\vec{b}}{3}$ であるから

$|\overrightarrow{OP}|^2 = \dfrac{|\vec{a} + 2\vec{b}|^2}{3^2} = \dfrac{(\vec{a} + 2\vec{b}) \cdot (\vec{a} + 2\vec{b})}{9}$

$= \dfrac{1}{9}(|\vec{a}|^2 + 4\vec{a} \cdot \vec{b} + 4|\vec{b}|^2)$

$= \dfrac{1}{9}\left(1^2 + 4 \times \dfrac{1}{2} + 4 \times 1^2\right) = \dfrac{7}{9}$

よって　$|\overrightarrow{OP}| = \dfrac{\sqrt{7}}{3}$　答

(2) $\overrightarrow{OP} \cdot \overrightarrow{OQ} = \dfrac{\vec{a} + 2\vec{b}}{3} \cdot \dfrac{3}{4}\vec{c} = \dfrac{1}{4}(\vec{a} \cdot \vec{c} + 2\vec{b} \cdot \vec{c})$

$= \dfrac{1}{4}\left(\dfrac{1}{2} + 2 \times \dfrac{1}{2}\right) = \dfrac{3}{8}$

よって　$\overrightarrow{OP} \cdot \overrightarrow{OQ} = \dfrac{3}{8}$　答

121　1辺の長さが2の正四面体 OABC において，
辺 AB の中点を M，辺 BC の中点を N とする。
次の値を求めよ。

(1) $\overrightarrow{OM} \cdot \overrightarrow{ON}$

(2) $\angle MON = \theta$ とするとき，$\cos\theta$

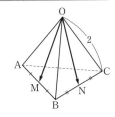

―――内積の利用[2]

例題 **13**
　2点 A$(-1,\ 1,\ -5)$, B$(-4,\ 4,\ 7)$ を通る直線 l に，原点 O から垂線 OH を引く。このとき，点 H の座標を求めよ。

考え方　点 H が直線 AB 上の点であることより，$\overrightarrow{AH} = k\overrightarrow{AB}$ となる実数 k がある。
　　　　また，OH $\perp$ AB より　$\overrightarrow{OH} \cdot \overrightarrow{AB} = 0$

解　点 H$(x,\ y,\ z)$ とする。
　点 H は直線 AB 上の点であるから，$\overrightarrow{AH} = k\overrightarrow{AB}$ となる
　実数 k がある。
　　　　$\overrightarrow{AB} = (-3,\ 3,\ 12)$, $\overrightarrow{AH} = (x+1,\ y-1,\ z+5)$
　であるから
　　　　$(x+1,\ y-1,\ z+5) = k(-3,\ 3,\ 12)$
　ゆえに
　　　　$x+1 = -3k,\ y-1 = 3k,\ z+5 = 12k$ より
　　　　$x = -3k-1,\ y = 3k+1,\ z = 12k-5$ ……①

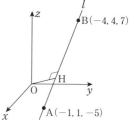

　また，OH $\perp$ AB より　$\overrightarrow{OH} \cdot \overrightarrow{AB} = 0$
　　　　$\overrightarrow{OH} = (x,\ y,\ z)$
　であるから
　　　　$-3x + 3y + 12z = 0$
　　　　$x - y - 4z = 0$ 　　　　　　……②
　①を②に代入すると
　　　　$(-3k-1) - (3k+1) - 4(12k-5) = 0$
　　　　$54k = 18$
　よって　$k = \dfrac{1}{3}$
　これを①に代入して　$x = -2,\ y = 2,\ z = -1$
　したがって，**H$(-2,\ 2,\ -1)$** 答

122　2点 A$(2,\ 3,\ 4)$, B$(-1,\ 6,\ -5)$ を通る直線 l に，原点 O から垂線 OH を引く。このとき，点 H の座標を求めよ。

∴4　位置ベクトルと空間の図形(2)

▶教 p.63〜p.65

1 座標平面に平行な平面の方程式

点 $(a, 0, 0)$ を通り，yz 平面に平行な平面の方程式は　$x = a$
点 $(0, b, 0)$ を通り，zx 平面に平行な平面の方程式は　$y = b$
点 $(0, 0, c)$ を通り，xy 平面に平行な平面の方程式は　$z = c$

2 球面の方程式

点 (a, b, c) を中心とする半径 r の球面の方程式は
$$(x-a)^2 + (y-b)^2 + (z-c)^2 = r^2$$
とくに，原点 O を中心とする半径 r の球面の方程式は
$$x^2 + y^2 + z^2 = r^2$$

SPIRAL A

*123 点 $(2, 1, -4)$ を通り，次の平面に平行な平面の方程式をそれぞれ求めよ。
▶教 p.63例15

(1) xy 平面　　　　(2) yz 平面　　　　(3) zx 平面

*124 次の球面の方程式を求めよ。　　　　▶教 p.64例16
(1) 中心が点 $(2, 3, -1)$，半径が 4　　(2) 中心が原点，半径が 5
(3) 中心が原点，点 $(1, -2, 2)$ を通る
(4) 中心が点 $(1, 4, -2)$，xy 平面に接する

125 2点 A$(5, 3, 2)$, B$(1, -1, -4)$ を直径の両端とする球面の方程式を求めよ。
▶教 p.65例題2

SPIRAL B

126 点 $(3, -2, 1)$ を通り，次の軸に垂直な平面の方程式をそれぞれ求めよ。
*(1) x 軸　　　　(2) y 軸　　　　(3) z 軸

127 次の方程式で表される球面の中心の座標と半径を求めよ。
$$x^2 + y^2 + z^2 - 6x + 4y - 2z + 4 = 0$$

128 球面 $(x+2)^2 + (y-4)^2 + (z-1)^2 = 25$ が次の平面と交わってできる円の中心の座標と半径を求めよ。
▶教 p.65応用例題5
(1) zx 平面　　　　(2) 平面 $x = 1$

1節　複素数平面

▷1　複素数平面

▶教 p.72〜p.77

❶ 複素数平面

複素数平面　複素数 $a + bi$ を点 (a, b) に対応させた座標平面を**複素数平面**といい，x 軸を**実軸**，y 軸を**虚軸**という。

共役な複素数　複素数 z と共役な複素数を $\bar{z}$ で表す。

$$z = a + bi \text{ のとき } \bar{z} = a - bi$$

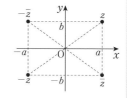

共役な複素数の性質

[1]　z が実数 $\Longleftrightarrow \bar{z} = z$

[2]　z が純虚数 $\Longleftrightarrow \bar{z} = -z$ かつ $z \neq 0$

[3]　点 z と点 $\bar{z}$ は，実軸に関して対称

❷ 複素数の絶対値

複素数平面上で，原点 O と点 z の距離を複素数 z の**絶対値**といい，$|z|$ で表す。

$$z = a + bi \text{ のとき } |z| = |a + bi| = \sqrt{a^2 + b^2}$$

共役な複素数と絶対値

$$z\bar{z} = |z|^2$$

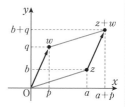

❸ 複素数の和

[1]　$z = a + bi$, $w = p + qi$ のとき，点 $z + w$ は，点 z を実軸方向に p，虚軸方向に q だけ移動した点である。

[2]　4点 O, z, $z + w$, w は平行四辺形の頂点となる。

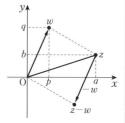

❹ 複素数の差

[1]　$z = a + bi$, $w = p + qi$ のとき，点 $z - w$ は，点 z を実軸方向に $-p$，虚軸方向に $-q$ だけ移動した点である。

[2]　$z - w = z + (-w)$ より，4点 O, $z - w$, z, w は平行四辺形の頂点となる。

❺ 2点間の距離

複素数平面上の2点 z, w 間の距離は

$$|z - w|$$

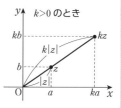

❻ 複素数の実数倍

[1]　$z = a + bi$ を複素数，k を実数とするとき，点 kz は，座標平面上の点 (ka, kb) に対応する点である。

[2]　$z \neq 0$, $k \neq 0$ のとき，3点 O, z, kz は一直線上にあり，原点 O から点 kz までの距離は $|z|$ の $|k|$ 倍である。

SPIRAL A

129 次の点を，複素数平面上に図示せよ。　　　　▶教p.73例1

 *(1)　A$(-3+2i)$　　(2)　B$(4-i)$　　*(3)　C$(-2i)$　　*(4)　D(-4)

*130 $z=-4+2i$ のとき，次の複素数を表す点を複素数平面上に図示せよ。

 (1)　$\overline{z}$　　　　　　　　(2)　$-z$　　　　　　　　(3)　$\overline{-z}$　　▶教p.73例2

131 次の複素数の絶対値を求めよ。　　　　▶教p.74例3

 *(1)　$-2+5i$　　(2)　$7-i$　　*(3)　$6i$　　*(4)　-5

132 次の複素数について，3点 z, w, $z+w$ を複素数平面上に図示せよ。

 　　　　　　　　　　　　　　　　　　　　　　▶教p.75練習4

 *(1)　$z=4+i$, $w=2+3i$　　　(2)　$z=3-2i$, $w=-2-i$

133 次の複素数について，3点 z, w, $z-w$ を複素数平面上に図示せよ。また，2点 z, w 間の距離を求めよ。　　　　▶教p.76例4

 *(1)　$z=4+3i$, $w=1+4i$　　　(2)　$z=-2+3i$, $w=-3-i$

*134 $z=6-3i$ であるとき，次の点を複素数平面上に図示せよ。　▶教p.77練習6

 (1)　$3z$　　　　　　　　(2)　$-2z$　　　　　　　(3)　$-\dfrac{2}{3}z$

SPIRAL B

135 次の複素数の絶対値を求めよ。　　　　▶教p.74例3

 (1)　$\sqrt{3}\,i$　　*(2)　$(1+i)^2$　　(3)　$(2-i)(3+2i)$　　*(4)　$\dfrac{2+4i}{1-i}$

136 右の図の複素数 α, β に対して，次の複素数を表す点を図示せよ。

 (1)　$\alpha+\beta$

 *(2)　$\alpha-\beta$

 *(3)　$-\alpha+2\beta$

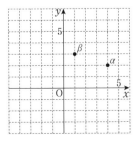

思考力 PLUS　共役な複素数の性質

■ 共役な複素数の性質

[1] $\overline{\overline{z_1}} = z_1$　　[2] $\overline{z_1 + z_2} = \overline{z_1} + \overline{z_2}$　　[3] $\overline{z_1 - z_2} = \overline{z_1} - \overline{z_2}$

[4] $\overline{z_1 z_2} = \overline{z_1}\,\overline{z_2}$　　[5] $\overline{\left(\dfrac{z_1}{z_2}\right)} = \dfrac{\overline{z_1}}{\overline{z_2}}$

SPIRAL　C

例題 14

複素数 z について，$(z - 3 + 2i)(\overline{z} - 3 - 2i) = 9$ のとき，等式 $|z - 3 + 2i| = 3$ が成り立つことを証明せよ。

共役な複素数の性質[1]

証明
$$(z - 3 + 2i)(\overline{z} - 3 - 2i) = 9$$
より $\{z + (-3 + 2i)\}\{\overline{z} + (-3 - 2i)\} = 9$
$\{z + (-3 + 2i)\}\{\overline{z} + \overline{(-3 + 2i)}\} = 9$
$\{z + (-3 + 2i)\}\{\overline{z + (-3 + 2i)}\} = 9$　　←[2] $\overline{z_1 + z_2} = \overline{z_1} + \overline{z_2}$
$|z + (-3 + 2i)|^2 = 9$　　←$z\overline{z} = |z|^2$
$|z - 3 + 2i|^2 = 9$
$|z - 3 + 2i| \geqq 0$ であるから　$|z - 3 + 2i| = 3$　終

137 複素数 z について，$(z + 5 - i)(\overline{z} + 5 + i) = 5$ のとき，等式 $|z + 5 - i| = \sqrt{5}$ が成り立つことを証明せよ。

例題 15

複素数 $\alpha,\ \beta$ について，$\alpha\overline{\beta}$ が実数でないとき，次のことを示せ。

共役な複素数の性質[2]

(1) $\alpha\overline{\beta} + \overline{\alpha}\beta$ は実数である。　　(2) $\alpha\overline{\beta} - \overline{\alpha}\beta$ は純虚数である。

考え方　z が実数 $\Longleftrightarrow z = \overline{z}$,　z が純虚数 $\Longleftrightarrow z = -\overline{z}$, $z \neq 0$

証明　(1) $z = \alpha\overline{\beta} + \overline{\alpha}\beta$ とおくと
$\overline{z} = \overline{\alpha\overline{\beta} + \overline{\alpha}\beta} = \overline{\alpha\overline{\beta}} + \overline{\overline{\alpha}\beta}$　　←[2] $\overline{z_1 + z_2} = \overline{z_1} + \overline{z_2}$
$= \overline{\alpha}\,\overline{\overline{\beta}} + \overline{\overline{\alpha}}\,\overline{\beta} = \overline{\alpha}\beta + \alpha\overline{\beta} = z$　　←[4] $\overline{z_1 z_2} = \overline{z_1}\,\overline{z_2}$, [1] $\overline{\overline{z_1}} = z_1$
よって，z すなわち $\alpha\overline{\beta} + \overline{\alpha}\beta$ は実数である。　終
(2) $w = \alpha\overline{\beta} - \overline{\alpha}\beta$ とおくと，$\alpha\overline{\beta}$ は実数でないから
$\overline{\alpha\overline{\beta}} = \overline{\alpha}\beta \neq \alpha\overline{\beta}$ より $w \neq 0$ であり
$\overline{w} = \overline{\alpha\overline{\beta} - \overline{\alpha}\beta} = \overline{\alpha\overline{\beta}} - \overline{\overline{\alpha}\beta}$　　←[3] $\overline{z_1 - z_2} = \overline{z_1} - \overline{z_2}$
$= \overline{\alpha}\,\overline{\overline{\beta}} - \overline{\overline{\alpha}}\,\overline{\beta} = \overline{\alpha}\beta - \alpha\overline{\beta} = -w$　　←[4], [1]
よって，w すなわち $\alpha\overline{\beta} - \overline{\alpha}\beta$ は純虚数である。　終

138 複素数 α について，次のことを示せ。

(1) $\alpha^3 - (\overline{\alpha})^3$ は純虚数である。ただし，α^3 は実数でないとする。

(2) $\alpha\overline{\alpha} = 1$ のとき，$z = \alpha + \dfrac{1}{\alpha}$ は実数である。

❖2 複素数の極形式

▶國 p.78〜p.83

1 複素数の極形式

偏角　複素数 $z = a + bi$ について，2点 O，z を結ぶ線分と実軸の正の部分のなす角 θ を z の**偏角**といい，$\arg z$ で表す。

極形式　複素数 $z = a + bi$ について，$r = |z|$，$\theta = \arg z$ とするとき
$$a = r\cos\theta, \quad b = r\sin\theta$$
より
$$z = r(\cos\theta + i\sin\theta)$$
この表し方を，複素数 z の**極形式**という。

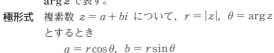

2 複素数の積

[1]　$z_1 = r_1(\cos\theta_1 + i\sin\theta_1)$，$z_2 = r_2(\cos\theta_2 + i\sin\theta_2)$ のとき
$$z_1 z_2 = r_1 r_2 \{\cos(\theta_1 + \theta_2) + i\sin(\theta_1 + \theta_2)\}$$
すなわち　$|z_1 z_2| = |z_1||z_2|$，$\arg z_1 z_2 = \arg z_1 + \arg z_2$

[2]　$w = r(\cos\theta + i\sin\theta)$ とするとき，点 wz は，点 z を原点のまわりに θ だけ回転し，原点からの距離を r 倍した点である。

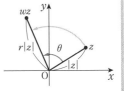

3 複素数の商

[1]　$z_1 = r_1(\cos\theta_1 + i\sin\theta_1)$，$z_2 = r_2(\cos\theta_2 + i\sin\theta_2)$ のとき
$$\frac{z_1}{z_2} = \frac{r_1}{r_2}\{\cos(\theta_1 - \theta_2) + i\sin(\theta_1 - \theta_2)\}$$
すなわち　$\left|\dfrac{z_1}{z_2}\right| = \dfrac{|z_1|}{|z_2|}$，$\arg\dfrac{z_1}{z_2} = \arg z_1 - \arg z_2$

[2]　$w = r(\cos\theta + i\sin\theta)$ とするとき，点 $\dfrac{z}{w}$ は，点 z を原点のまわりに $-\theta$ だけ回転し，原点からの距離を $\dfrac{1}{r}$ 倍した点である。

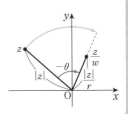

 A

139 次の複素数を極形式で表せ。ただし，偏角 θ の範囲は $0 \leqq \theta < 2\pi$ とする。

　*(1)　$\sqrt{3} + i$ 　　　　　　　　　　(2)　$-1 + \sqrt{3}\,i$　　　▶國 p.79例5

　(3)　$-1 - i$ 　　　　　　　　　　*(4)　$\sqrt{3} - 3i$

　*(5)　$4i$ 　　　　　　　　　　　　*(6)　-8

140 次の複素数 z_1, z_2 の積 z_1z_2 と商 $\dfrac{z_1}{z_2}$ を極形式で表せ。 ▶敎 p.81 例6

   (1)　$z_1 = 3\left(\cos\dfrac{2}{3}\pi + i\sin\dfrac{2}{3}\pi\right)$, $z_2 = 2\left(\cos\dfrac{\pi}{4} + i\sin\dfrac{\pi}{4}\right)$

   (2)　$z_1 = 4\left(\cos\dfrac{3}{2}\pi + i\sin\dfrac{3}{2}\pi\right)$, $z_2 = \cos\dfrac{\pi}{6} + i\sin\dfrac{\pi}{6}$

141 次の複素数 z_1, z_2 の積 z_1z_2 と商 $\dfrac{z_1}{z_2}$ を極形式で表せ。 ▶敎 p.81 練習9

   (1)　$z_1 = -1 + i$, $z_2 = \sqrt{3} + 3i$

   (2)　$z_1 = 1 - \sqrt{3}\,i$, $z_2 = 1 + i$

   (3)　$z_1 = -2i$, $z_2 = -\sqrt{6} + \sqrt{2}\,i$

142 次の点は，点 z をどのように移動した点か。 ▶敎 p.82 例7

   *(1)　$(1+i)z$　　　(2)　$(-\sqrt{3}-i)z$　　　(3)　$-5z$　　　*(4)　$-7iz$

143 $z = \sqrt{3} + 2i$ のとき，点 z を次のように移動した点を表す複素数を求めよ。 ▶敎 p.83 例8

   *(1)　原点のまわりに $\dfrac{\pi}{6}$ だけ回転する。

   (2)　原点のまわりに $\dfrac{4}{3}\pi$ だけ回転する。

144 次の点は，点 z をどのように移動した点か。 ▶敎 p.83 例9

   (1)　$\dfrac{z}{\sqrt{3}+i}$　　　　　*(2)　$\dfrac{z}{-2+2i}$　　　　　(3)　$\dfrac{z}{3i}$

SPIRAL **B**

145 次の複素数を極形式で表せ。ただし，偏角 θ の範囲は $0 \leqq \theta < 2\pi$ とする。

   *(1)　$(\sqrt{3}-i)^2 - 4$　　　(2)　$(5+\sqrt{3}\,i)(\sqrt{3}-2i)$　　　*(3)　$\dfrac{1+4i}{5+3i}$

——複素数の極形式の利用

例題 16

$\dfrac{1+i}{\sqrt{3}+i}$ を計算し，$\cos\dfrac{\pi}{12}$ および $\sin\dfrac{\pi}{12}$ の値を求めよ。

解

$\dfrac{1+i}{\sqrt{3}+i} = \dfrac{(1+i)(\sqrt{3}-i)}{(\sqrt{3}+i)(\sqrt{3}-i)} = \dfrac{\sqrt{3}+1}{4} + \dfrac{\sqrt{3}-1}{4}i$ ……①

また $1+i = \sqrt{2}\left(\cos\dfrac{\pi}{4} + i\sin\dfrac{\pi}{4}\right)$, $\sqrt{3}+i = 2\left(\cos\dfrac{\pi}{6} + i\sin\dfrac{\pi}{6}\right)$

より

$\dfrac{1+i}{\sqrt{3}+i} = \dfrac{\sqrt{2}}{2}\left\{\cos\left(\dfrac{\pi}{4}-\dfrac{\pi}{6}\right) + i\sin\left(\dfrac{\pi}{4}-\dfrac{\pi}{6}\right)\right\}$

$= \dfrac{1}{\sqrt{2}}\left(\cos\dfrac{\pi}{12} + i\sin\dfrac{\pi}{12}\right)$ ……②

①，②より

$\cos\dfrac{\pi}{12} = \dfrac{\sqrt{2}(\sqrt{3}+1)}{4} = \dfrac{\sqrt{6}+\sqrt{2}}{4}$ **答**

$\sin\dfrac{\pi}{12} = \dfrac{\sqrt{2}(\sqrt{3}-1)}{4} = \dfrac{\sqrt{6}-\sqrt{2}}{4}$ **答**

---

*146 $(1+i)(\sqrt{3}+i)$ を計算し，$\cos\dfrac{5}{12}\pi$ および $\sin\dfrac{5}{12}\pi$ の値を求めよ。

*147 $\theta = \dfrac{\pi}{18}$ のとき，$\dfrac{(\cos 5\theta + i\sin 5\theta)(\cos 7\theta + i\sin 7\theta)}{\cos 3\theta + i\sin 3\theta}$ の値を求めよ。

148 $z = 4 - \sqrt{3}\,i$ のとき，点 z を次のように移動した点を表す複素数を求めよ。

(1) 原点のまわりに $\dfrac{\pi}{3}$ だけ回転し，原点からの距離を 2 倍する。

(2) 原点のまわりに $\dfrac{5}{6}\pi$ だけ回転し，原点からの距離を $2\sqrt{3}$ 倍する。

*149 複素数平面上の点 z を原点のまわりに $\dfrac{3}{4}\pi$ だけ回転し，原点からの距離を $3\sqrt{2}$ 倍したら点 $-1+5i$ になった。このとき，複素数 z を求めよ。

150 次の複素数を極形式で表せ。ただし，偏角 θ の範囲は $0 \leqq \theta < 2\pi$ とする。

*(1) $\cos\dfrac{\pi}{6} - i\sin\dfrac{\pi}{6}$

*(2) $-\left(\cos\dfrac{2}{5}\pi + i\sin\dfrac{2}{5}\pi\right)$

(3) $-\cos\dfrac{\pi}{12} + i\sin\dfrac{\pi}{12}$

*(4) $\sin\dfrac{3}{8}\pi + i\cos\dfrac{3}{8}\pi$

ヒント 150 三角関数で学んだ公式を利用して，与えられた式を $\cos\theta + i\sin\theta$ の形に変形する。

3 ド・モアブルの定理

1 ド・モアブルの定理
▶教 p.84〜p.87

n が整数のとき
$$(\cos\theta + i\sin\theta)^n = \cos n\theta + i\sin n\theta$$

2 1の n 乗根

n を自然数とするとき，$z^n = 1$ の解を**1の n 乗根**という。

1の n 乗根はちょうど n 個あり，それらの複素数は

$$z_k = \cos\frac{2k\pi}{n} + i\sin\frac{2k\pi}{n}$$

$$(k = 0,\ 1,\ 2,\ \cdots\cdots,\ n-1)$$

1の n 乗根を表す複素数平面上の点は単位円周上にあり，
点1を1つの頂点とする正 n 角形の頂点である。

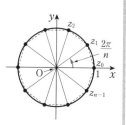

SPIRAL A

151 次の計算をせよ。
▶教 p.84 例10

(1) $\left(\cos\dfrac{\pi}{3} + i\sin\dfrac{\pi}{3}\right)^3$
　　*(2) $\left(\cos\dfrac{\pi}{6} + i\sin\dfrac{\pi}{6}\right)^4$

*(3) $\left(\cos\dfrac{\pi}{4} + i\sin\dfrac{\pi}{4}\right)^{-2}$
　　(4) $\left(\cos\dfrac{\pi}{6} + i\sin\dfrac{\pi}{6}\right)^{-5}$

152 $z = \dfrac{\sqrt{3}}{2} + \dfrac{1}{2}i$ のとき，次の式を計算せよ。
▶教 p.85 例11

(1) z^3
　　*(2) z^{11}

(3) $\dfrac{1}{z}$
　　*(4) $\dfrac{1}{z^4}$

153 次の計算をせよ。
▶教 p.85 例題1

*(1) $(-1 + \sqrt{3}\,i)^6$
　　(2) $(-1 + i)^4$

(3) $(1 - \sqrt{3}\,i)^5$
　　*(4) $(1 + i)^{-7}$

*154 方程式 $z^5 = 1$ を解き，解を複素数平面上に図示せよ。
▶教 p.86 例題2

155 次の方程式を解け。
▶教 p.87 例題3

*(1) $z^3 = 8$
　　(2) $z^2 = i$

(3) $z^3 = -27i$
　　*(4) $z^4 = \dfrac{-1 + \sqrt{3}\,i}{2}$

SPIRAL **B**

156 次の計算をせよ。

*(1)　$\{(1+\sqrt{3}\,i)(1+i)\}^6$ 　　*(2)　$\dfrac{1}{(\sqrt{3}-i)^6}$ 　　(3)　$\left(\dfrac{1-i}{1-\sqrt{3}\,i}\right)^{10}$

― ド・モアブルの定理の利用[1]

例題 17　$(-\sqrt{3}+i)^n$ が実数となるような最小の自然数 n を求めよ。

▶教 p.99 章末4

解　$-\sqrt{3}+i = 2\left(\cos\dfrac{5}{6}\pi + i\sin\dfrac{5}{6}\pi\right)$　であるから，ド・モアブルの定理より

$$(-\sqrt{3}+i)^n = 2^n\left(\cos\dfrac{5}{6}\pi + i\sin\dfrac{5}{6}\pi\right)^n = 2^n\left(\cos\dfrac{5}{6}n\pi + i\sin\dfrac{5}{6}n\pi\right)$$

これが実数となるのは，$\sin\dfrac{5}{6}n\pi = 0$ のときである。

すなわち，$\dfrac{5}{6}n$ が整数であればよいから，最小の自然数 n は　$\boldsymbol{n=6}$　**答**

*****157**　$(-1+i)^n$ が実数となるような最小の自然数 n を求めよ。

― ド・モアブルの定理の利用[2]

例題 18　n を自然数とするとき，次の式の値を求めよ。
$$\left(\dfrac{1+i}{\sqrt{2}}\right)^n + \left(\dfrac{1-i}{\sqrt{2}}\right)^n$$

解　$\dfrac{1+i}{\sqrt{2}} = \cos\dfrac{\pi}{4} + i\sin\dfrac{\pi}{4},\ \dfrac{1-i}{\sqrt{2}} = \cos\left(-\dfrac{\pi}{4}\right) + i\sin\left(-\dfrac{\pi}{4}\right)$

であるから，ド・モアブルの定理より

$$（与式） = \left(\cos\dfrac{\pi}{4} + i\sin\dfrac{\pi}{4}\right)^n + \left\{\cos\left(-\dfrac{\pi}{4}\right) + i\sin\left(-\dfrac{\pi}{4}\right)\right\}^n$$

$$= \left(\cos\dfrac{n}{4}\pi + i\sin\dfrac{n}{4}\pi\right) + \left\{\cos\left(-\dfrac{n}{4}\pi\right) + i\sin\left(-\dfrac{n}{4}\pi\right)\right\}$$

$$= \left(\cos\dfrac{n}{4}\pi + i\sin\dfrac{n}{4}\pi\right) + \left(\cos\dfrac{n}{4}\pi - i\sin\dfrac{n}{4}\pi\right) = 2\cos\dfrac{n}{4}\pi$$

よって，求める値は，k を自然数とすると

$n=8k$ **のとき** 2,

$n=8k-1,\ 8k-7$ **のとき** $\sqrt{2}$,

$n=8k-2,\ 8k-6$ **のとき** 0,

$n=8k-3,\ 8k-5$ **のとき** $-\sqrt{2}$,

$n=8k-4$ **のとき** -2　**答**

158 n を自然数とするとき，次の式の値を求めよ。
$$\left(\dfrac{-1+\sqrt{3}\,i}{2}\right)^n + \left(\dfrac{-1-\sqrt{3}\,i}{2}\right)^n$$

SPIRAL C

───────────────── ド・モアブルの定理の利用[3]

例題 19

$z = \cos\dfrac{2}{7}\pi + i\sin\dfrac{2}{7}\pi$ のとき，次の値を求めよ。　　▶敎 p.99 章末5

(1)　z^7　　　　　　　　　　　　　(2)　$z^6 + z^5 + z^4 + z^3 + z^2 + z + 1$

考え方　(2)　因数分解　$x^7 - 1 = (x-1)(x^6 + x^5 + x^4 + x^3 + x^2 + x + 1)$
　　　　を利用する。

解　(1)　ド・モアブルの定理より

$$z^7 = \left(\cos\dfrac{2}{7}\pi + i\sin\dfrac{2}{7}\pi\right)^7 = \cos 2\pi + i\sin 2\pi = 1 \quad \boxed{答}$$

(2)　(1)より　$z^7 - 1 = 0$

また　$z^7 - 1 = (z-1)(z^6 + z^5 + z^4 + z^3 + z^2 + z + 1)$

よって　$(z-1)(z^6 + z^5 + z^4 + z^3 + z^2 + z + 1) = 0$

$z \neq 1$ であるから，両辺を $z-1$ で割ると

$$z^6 + z^5 + z^4 + z^3 + z^2 + z + 1 = 0 \quad \boxed{答}$$

159　$z = \cos\dfrac{4}{5}\pi + i\sin\dfrac{4}{5}\pi$ のとき，次の値を求めよ。

(1)　z^5　　　　　　　　　　　　　(2)　$z^4 + z^3 + z^2 + z + 1$

───────────────── ド・モアブルの定理の利用[4]

例題 20

等式 $z + \dfrac{1}{z} = 1$ を満たす複素数 z に対して，z^3 の値を求めよ。

　　　　　　　　　　　　　　　　　　　　▶敎 p.99 章末6

解　等式の両辺に z を掛けて整理すると　　$z^2 - z + 1 = 0$

この 2 次方程式を解いて　　$z = \dfrac{1 \pm \sqrt{3}\,i}{2}$

これを極形式で表すと

$$z = \cos\left(\pm\dfrac{\pi}{3}\right) + i\sin\left(\pm\dfrac{\pi}{3}\right) \quad \text{(複号同順)}$$

よって　$z^3 = \left\{\cos\left(\pm\dfrac{\pi}{3}\right) + i\sin\left(\pm\dfrac{\pi}{3}\right)\right\}^3$

　　　　　$= \cos(\pm\pi) + i\sin(\pm\pi) \quad \text{(複号同順)}$

　　　　　$= -1 \quad \boxed{答}$

別解　等式の両辺に z を掛けて整理すると　$z^2 - z + 1 = 0$

したがって　$z^2 = z - 1$

よって　　　$z^3 = z^2 \times z = (z-1)z = z^2 - z = (z-1) - z = -1 \quad \boxed{答}$

160　等式 $z + \dfrac{1}{z} = -1$ を満たす複素数 z に対して，z^3 の値を求めよ。

❖4 　複素数と図形(1)

▶國 p.88〜p.91

■1 線分の内分点・外分点

[1] 複素数平面上の2点 α, β を結ぶ線分を $m:n$ に

内分する点は $\dfrac{n\alpha + m\beta}{m + n}$

外分する点は $\dfrac{-n\alpha + m\beta}{m - n}$

とくに，2点 α, β を結ぶ線分の中点は $\dfrac{\alpha + \beta}{2}$

[2] 3点 A(α)，B(β)，C(γ) を頂点とする △ABC の重心を G(z) とすると

$$z = \frac{\alpha + \beta + \gamma}{3}$$

■2 複素数と方程式の表す図形

[1] 点 α を中心とする半径 r の円

$$|z - \alpha| = r$$

[2] 2点 α, β を結ぶ線分の垂直二等分線

$$|z - \alpha| = |z - \beta|$$

[3] 2点 α, β からの距離の比が $m:n$

である点 z の軌跡 (思考力PLUS)

$$n|z - \alpha| = m|z - \beta|$$

ただし，$m = n$ のとき，垂直二等分線

$m \neq n$ のとき，アポロニウスの円

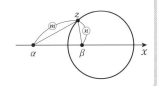

SPIRAL A

161 複素数平面上の2点 $\alpha = 2 - 5i$, $\beta = 6 + 3i$ を結ぶ線分を次の比に内分する点 z_1 と外分する点 z_2 を求めよ。 ▶國 p.89例12

　*(1)　3:1　　　　　　　　　　　(2)　2:3

162 複素数平面上の次の3点 A, B, C を頂点とする △ABC の重心を G(z) とするとき，複素数 z を求めよ。 ▶國 p.89練習19

　*(1)　A$(-2 + 5i)$，B$(1 - 9i)$，C$(7 + i)$

　(2)　A$(5 + 8i)$，B$(4i)$，C$(2 - 3i)$

163 複素数平面上で，次の方程式を満たす点 z 全体は，どのような図形か。

　*(1)　$|z - 3| = 4$　　　　　　　(2)　$|2z - i| = 1$　　　▶國 p.90例13

164 複素数平面上で，次の方程式を満たす点 z 全体は，どのような図形か。

*(1) $|z+3|=|z-2i|$ 　　　　*(2) $|z|=|z+1-i|$ ▶敎 p.90 例14

*165 複素数平面上で，次の図形を表す方程式を，複素数 z を用いて表せ。

(1) 中心が原点，半径 2 の円 ▶敎 p.90

(2) 中心が点 $2+i$，半径 5 の円

(3) 2 点 $3+2i$，$4-7i$ を結ぶ線分の垂直二等分線

SPIRAL B

*166 複素数平面上の点 $\mathrm{A}(3+4i)$ に関して，点 $\mathrm{B}(-1+6i)$ と対称な点Cの表す複素数を求めよ。

*167 複素数平面上の 3 点 $\mathrm{A}(-1+8i)$，$\mathrm{B}(-3+2i)$，$\mathrm{C}(4-i)$ に対して，四角形 ABCD が平行四辺形となるような頂点 D の表す複素数を求めよ。

168 複素数平面上の 3 点 $\mathrm{A}(z_1)$，$\mathrm{B}(z_2)$，$\mathrm{C}(z_3)$ を頂点とする △ABC において，辺 BC，CA，AB を $m:n$ に内分する点をそれぞれ $\mathrm{P}(w_1)$，$\mathrm{Q}(w_2)$，$\mathrm{R}(w_3)$ とする。△PQR の重心を $\mathrm{G}(w)$ とするとき，複素数 w を z_1，z_2，z_3 で表せ。

169 複素数平面上で，点 z が単位円周上を動くとき，次の式で表される点 w はどのような図形を描くか。 ▶敎 p.91 応用例題1

(1) $w=z+2-i$ 　　*(2) $w=4iz-3$ 　　*(3) $w=\dfrac{3z+i}{z-1}$

170 複素数平面上で，点 z が点 i を中心とする半径 1 の円周上を動くとき，次の式で表される点 w はどのような図形を描くか。

*(1) $w=\dfrac{2z+1}{z-i}$ 　　　　　(2) $w=\dfrac{1}{z}$

SPIRAL C

171 複素数平面上で，次の方程式で表される図形を求めよ。 ▶教p.97思考力⊕

$$|z+5| = 3|z-3|$$

───── 複素数と方程式の表す図形

例題 21 次の方程式で表される図形を求めよ。

(1) $z\bar{z} = 1$ (2) $(z+i)(\bar{z}-i) = 4$

考え方 共役な複素数に関する性質 $z\bar{z} = |z|^2$ および $\overline{z_1 + z_2} = \bar{z_1} + \bar{z_2}$ を用いる。

解 (1) $z\bar{z} = |z|^2$ より，与えられた方程式は

$$|z|^2 = 1$$

したがって $|z| = 1$

よって，求める図形は，**中心が原点，半径1の円** 答

(2) $\bar{z} - i = \overline{z+i}$ より，与えられた方程式は　　←$\overline{z-(-i)} = \bar{z} - (-i)$

$$(z+i)(\overline{z+i}) = 4$$

すなわち $|z+i|^2 = 4$ より

$$|z+i| = 2$$

よって，求める図形は，**中心が点 $-i$，半径2の円** 答

172 次の方程式で表される図形を求めよ。

(1) $z\bar{z} = 9$ (2) $(z-i)(\bar{z}+i) = 5$ (3) $|\bar{z}-2i| = 3$

───── 複素数と不等式の表す領域

例題 22 不等式 $|z-i| \leqq 1$ を満たす点 z の存在範囲を，複素数平面上に図示せよ。

解 $|z-i|$ は2点 z, i 間の距離であるから，求める範囲は，
点 i からの距離が1以下である点の集合である。
よって，点 i を中心とする半径1の円の周と内部であり，
右の図の斜線部分（境界線を含む） である。

173 次の不等式を満たす点 z の存在範囲を，複素数平面上に図示せよ。

(1) $|z+2i| \leqq 1$ (2) $1 \leqq |z| \leqq 2$ (3) $|z-1| < |z-3|$

174 複素数 z が $|z| = 3$ を満たしながら変化するとき，$w = \dfrac{iz}{z-1}$ で与えられる複素数 w は複素数平面上でどのような図形を描くか。 ▶教p.100章末11

ヒント 172 (3) $|\bar{z}| = |z|$ であることを用いる。

∴4 複素数と図形⑵

▶國 p.92〜p.96, p.100

1 2線分のなす角

[1] 複素数平面上の原点 O と異なる 2 点 A(α)，B(β) に対して

$$\angle AOB = \arg\beta - \arg\alpha = \arg\frac{\beta}{\alpha}$$

[2] 複素数平面上の異なる 3 点 A(α)，B(β)，C(γ) に対して

$$\angle BAC = \arg\frac{\gamma - \alpha}{\beta - \alpha}$$

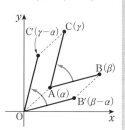

2 3点の位置関係

複素数平面上の異なる 3 点 A(α)，B(β)，C(γ) について

[1] A，B，C が一直線上にある $\iff$ $\dfrac{\gamma - \alpha}{\beta - \alpha}$ が実数 $\left(\arg\dfrac{\gamma - \alpha}{\beta - \alpha} = 0,\ \pi\right)$

[2] AB $\perp$ AC $\iff$ $\dfrac{\gamma - \alpha}{\beta - \alpha}$ が純虚数 $\left(\arg\dfrac{\gamma - \alpha}{\beta - \alpha} = \dfrac{\pi}{2},\ \dfrac{3}{2}\pi\right)$

 SPIRAL A

175 複素数平面上の次の 2 点 A，B に対して，∠AOB を求めよ。　▶國 p.92 例15

*(1)　A($2 + 3i$)，B($-1 + 5i$)

(2)　A($3\sqrt{3} + i$)，B($-\sqrt{3} + 2i$)

176 複素数平面上の次の 3 点 A，B，C に対して，∠BAC を求めよ。

*(1)　A($1 + 2i$)，B($4 + i$)，C($3 + 8i$)　▶國 p.93 例16

(2)　A($\sqrt{3} + i$)，B($2\sqrt{3} + i$)，C($-2\sqrt{3} + 4i$)

*177 複素数平面上の 3 点 A($3 - 2i$)，B($7 - 5i$)，C($k + 4i$) について，次の条件を満たすように，実数 k の値をそれぞれ定めよ。　▶國 p.95 例題5

(1)　3 点 A，B，C が一直線上にある

(2)　AB $\perp$ AC

第2章 複素数平面

SPIRAL B

178 複素数平面上の 3 点 $A(\alpha)$, $B(\beta)$, $C(\gamma)$ について，次の式が成り立つとき，$\triangle ABC$ はどのような三角形か。 ▶教 p.96 応用例題2

*(1) $\dfrac{\gamma - \alpha}{\beta - \alpha} = \dfrac{-1 + i}{\sqrt{2}}$

*(2) $\dfrac{\gamma - \alpha}{\beta - \alpha} = 2i$

(3) $\dfrac{\gamma - \alpha}{\beta - \alpha} = \dfrac{3 + \sqrt{3}\,i}{4}$

179 複素数平面上の 3 点 $A(2 + i)$, $B(6 + 3i)$, $C(\gamma)$ について，$\triangle ABC$ が $\angle C = 90°$ の直角二等辺三角形であるとき，複素数 γ を求めよ。

─────点 z の回転移動

例題 23 点 $z = 5 + i$ を点 $z_0 = 3 + 5i$ のまわりに $\dfrac{\pi}{6}$ だけ回転した点 z' を表す複素数を求めよ。

考え方　点 z を $-z_0$ だけ平行移動した点 $z - z_0$ を，原点のまわりに $\dfrac{\pi}{6}$ だけ回転し，z_0 だけ平行移動した点が z' である。

解　点 z を $-z_0$ だけ平行移動した点は
$$z - z_0 = (5 + i) - (3 + 5i) = 2 - 4i$$
点 $z - z_0$ を原点のまわりに $\dfrac{\pi}{6}$ だけ回転した点は
$$\left(\cos\frac{\pi}{6} + i\sin\frac{\pi}{6}\right)(z - z_0) = \left(\frac{\sqrt{3}}{2} + \frac{1}{2}i\right)(2 - 4i)$$
$$= (2 + \sqrt{3}) + (1 - 2\sqrt{3})i$$
この点を z_0 だけ平行移動した点が z' である。
よって　$z' = \{(2 + \sqrt{3}) + (1 - 2\sqrt{3})i\} + (3 + 5i)$
$$= (5 + \sqrt{3}) + (6 - 2\sqrt{3})i \quad \text{答}$$

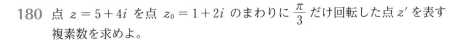

180 点 $z = 5 + 4i$ を点 $z_0 = 1 + 2i$ のまわりに $\dfrac{\pi}{3}$ だけ回転した点 z' を表す複素数を求めよ。

SPIRAL C

例題
24

三角形の形状

複素数平面上の原点 O と異なる 2 点 A(α)，B(β) について，
等式 $\alpha^2 + \alpha\beta + \beta^2 = 0$ が成り立つとき，次の問いに答えよ。▶教p.100章末10

(1) $\dfrac{\beta}{\alpha}$ の値を求めよ。　　　　(2) △OAB はどのような三角形か。

解　(1) $\alpha \neq 0$ であるから，
　　$\alpha^2 + \alpha\beta + \beta^2 = 0$ の両辺を α^2 で割って整理すると
　　　　$\left(\dfrac{\beta}{\alpha}\right)^2 + \dfrac{\beta}{\alpha} + 1 = 0$
　　よって　　$\dfrac{\beta}{\alpha} = \dfrac{-1 \pm \sqrt{3}\,i}{2}$　答

(2) (1)より
　　　　$\dfrac{\beta}{\alpha} = \cos\left(\pm\dfrac{2}{3}\pi\right) + i\sin\left(\pm\dfrac{2}{3}\pi\right)$　(複号同順)
　　ゆえに，$\left|\dfrac{\beta}{\alpha}\right| = 1$ より　$\dfrac{|\beta|}{|\alpha|} = \dfrac{\text{OB}}{\text{OA}} = 1$
　　すなわち　OA＝OB
　　$\arg\dfrac{\beta}{\alpha} = \pm\dfrac{2}{3}\pi$ より　∠AOB ＝ $\pm\dfrac{2}{3}\pi$
　　よって，△OAB は，**OA ＝ OB，∠O ＝ 120° の二等辺三角形**　答

181 複素数平面上の原点 O と異なる 2 点 A(α)，B(β) について，
等式 $\alpha^2 - \alpha\beta + \beta^2 = 0$ が成り立つとき，次の問いに答えよ。

(1) $\dfrac{\beta}{\alpha}$ の値を求めよ。

(2) △OAB はどのような三角形か。

182 複素数平面上の原点 O と異なる 2 点 A(α)，B(β) について，
$\alpha\bar{\beta} + \bar{\alpha}\beta = 0$ が成り立つとき，OA ⊥ OB であることを示せ。

183 複素数平面上の 4 点 A(α)，B(β)，C(γ)，D(δ) について，四角形 ABCD
が円に内接するとき，$\dfrac{\beta-\gamma}{\alpha-\gamma} \div \dfrac{\beta-\delta}{\alpha-\delta}$ は実数であることを示せ。

ヒント　182 OA ⊥ OB $\Longleftrightarrow$ $\dfrac{\beta}{\alpha}$ が純虚数 であることを用いる。
　　　183 弧 AB に対する円周角を考える。

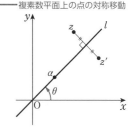

複素数平面上の点の対称移動

| 例題
25 | 原点 O と点 $\alpha = 1 + i$ を通る直線を l とする。
点 z を直線 l に関して対称移動した点を z' と
するとき，z' を z を用いた式で表せ。 |

考え方　$\arg \alpha = \theta$ とするとき，点 z を次の手順で移動すればよい。

① 原点のまわりに $-\theta$ だけ回転する
② 実軸に関して対称移動する（共役な複素数をとる）
③ 原点のまわりに θ だけ回転する

解

$$\arg \alpha = \arg(1+i) = \frac{\pi}{4}$$

点 z および点 z' を原点のまわりに $-\dfrac{\pi}{4}$ だけ回転した点

をそれぞれ $w,\ w'$ とすると，2 点 $w,\ w'$ は実軸に関して対称であるから

$$w' = \overline{w}$$

よって，求める点 z' は，点 $\overline{w}$ を原点のまわりに $\dfrac{\pi}{4}$ だけ回転した点である。

$$w = \left\{\cos\left(-\frac{\pi}{4}\right) + i\sin\left(-\frac{\pi}{4}\right)\right\}z$$

$$= \left(\frac{\sqrt{2}}{2} - \frac{\sqrt{2}}{2}i\right)z$$

より　$\overline{w} = \overline{\left(\dfrac{\sqrt{2}}{2} - \dfrac{\sqrt{2}}{2}i\right)z}$

$$= \left(\frac{\sqrt{2}}{2} + \frac{\sqrt{2}}{2}i\right)\overline{z} \qquad \leftarrow \overline{\alpha\beta} = \overline{\alpha}\,\overline{\beta}$$

したがって　$z' = \left(\cos\dfrac{\pi}{4} + i\sin\dfrac{\pi}{4}\right)\overline{w}$

$$= \left(\frac{\sqrt{2}}{2} + \frac{\sqrt{2}}{2}i\right)\left(\frac{\sqrt{2}}{2} + \frac{\sqrt{2}}{2}i\right)\overline{z}$$

$$= i\overline{z} \quad \boxed{答}$$

184 原点 O と点 $\alpha = 1 + \sqrt{3}\,i$ を通る直線を l とする。点 z を直線 l に関して対称移動した点を z' とするとき，z' を z を用いた式で表せ。

1 節　2 次曲線

:1 放物線

▶教 p.102〜p.105

■ 焦点が x 軸上にある放物線

標準形　$y^2 = 4px$

焦点の座標　　$F(p, 0)$

準線の方程式　$x = -p$

頂点は原点 $(0, 0)$，軸は x 軸 $(y = 0)$

2 焦点が y 軸上にある放物線

標準形　$x^2 = 4py$

焦点の座標　　$F(0, p)$

準線の方程式　$y = -p$

頂点は原点 $(0, 0)$，軸は y 軸 $(x = 0)$

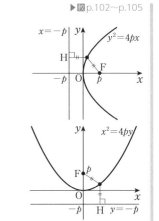

SPIRAL A

---

*185 次の放物線の方程式を求めよ。　　　　　　　　　　▶教 p.104 例1

(1) 焦点 $(3, 0)$，準線 $x = -3$　　(2) 焦点 $\left(-\dfrac{1}{4}, 0\right)$，準線 $x = \dfrac{1}{4}$

*186 次の放物線の焦点の座標および準線の方程式を求めよ。また，その概形をかけ。　　　　　　　　　　　　　　　　　　　　▶教 p.104 例2

(1) $y^2 = 2x$　　　　　　　　　(2) $y^2 = -4x$

(3) $y^2 = \dfrac{1}{4}x$　　　　　　　　(4) $y^2 = -\dfrac{1}{2}x$

*187 次の放物線の方程式を求めよ。　　　　　　　　　　▶教 p.105 例3

(1) 焦点 $(0, 3)$，準線 $y = -3$　　(2) 焦点 $\left(0, -\dfrac{1}{8}\right)$，準線 $y = \dfrac{1}{8}$

*188 次の放物線の焦点の座標および準線の方程式を求めよ。また，その概形をかけ。　　　　　　　　　　　　　　　　　　　　▶教 p.105 例4

(1) $x^2 = y$　　　　　　　　　(2) $x^2 = -2y$

(3) $x^2 = \dfrac{1}{2}y$　　　　　　　　(4) $x^2 = -\dfrac{1}{4}y$

SPIRAL B

*189 次のような放物線の方程式を求めよ。

    (1) 頂点が原点，焦点が $(2, 0)$

    (2) 頂点が原点，準線が $y = 3$

*190 次のような放物線の方程式を求めよ。

    (1) 軸が x 軸，頂点が原点で点 $(-4, 2\sqrt{2})$ を通る。

    (2) 軸が y 軸，頂点が原点で点 $(\sqrt{6}, \sqrt{3})$ を通る。

―――軌跡と放物線

例題 26　点 A $(2, 0)$ を通り，直線 $x = -2$ に接する円の中心を C (x, y) とする。点 C の軌跡はどのような曲線になるか。

解　点 C は，直線 $x = -2$ と点 A から等距離にあるので，その軌跡は焦点が点 A $(2, 0)$，準線が直線 $x = -2$ の放物線である。

すなわち，$y^2 = 4 \times 2 \times x$ より

    放物線 $y^2 = 8x$ 答

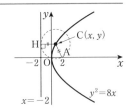

別解　点 C から直線 $x = -2$ におろした垂線を CH とすると，

CH = CA であるから　$|x + 2| = \sqrt{(x-2)^2 + y^2}$

両辺を 2 乗すると　　$(x+2)^2 = (x-2)^2 + y^2$

展開して整理すると　　$y^2 = 8x$ ……①

よって，点 C は放物線①上にある。

逆に，放物線①上の任意の点は与えられた条件を満たす。

したがって，点 C の軌跡は

    放物線 $y^2 = 8x$ 答

---

*191 点 A $(4, 0)$ を通り，直線 $x = -4$ に接する円の中心を C (x, y) とする。点 C の軌跡はどのような曲線になるか。

192 点 A $(0, 1)$ を通り，直線 $y = -1$ に接する円の中心を C (x, y) とする。点 C の軌跡はどのような曲線になるか。

193 円 $(x-2)^2 + y^2 = 1$ と外接し，直線 $x = -1$ に接する円の中心 P(x, y) の軌跡を求めよ。

░2░ 楕円

1 焦点が x 軸上にある楕円

標準形 $\dfrac{x^2}{a^2} + \dfrac{y^2}{b^2} = 1 \quad (a > b > 0)$

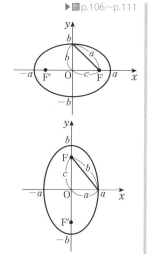

焦点の座標 $\mathrm{F}\,(\sqrt{a^2-b^2},\ 0),\ \mathrm{F'}\,(-\sqrt{a^2-b^2},\ 0)$
頂点は $(a,\ 0),\ (-a,\ 0),\ (0,\ b),\ (0,\ -b)$
この楕円上の任意の点 P について　$\mathrm{PF} + \mathrm{PF'} = 2a$
長軸の長さは $2a$, 短軸の長さは $2b$

2 焦点が y 軸上にある楕円

標準形 $\dfrac{x^2}{a^2} + \dfrac{y^2}{b^2} = 1 \quad (b > a > 0)$

焦点の座標 $\mathrm{F}\,(0,\ \sqrt{b^2-a^2}),\ \mathrm{F'}\,(0,\ -\sqrt{b^2-a^2})$
頂点は $(a,\ 0),\ (-a,\ 0),\ (0,\ b),\ (0,\ -b)$
この楕円上の任意の点 P について　$\mathrm{PF} + \mathrm{PF'} = 2b$
長軸の長さは $2b$, 短軸の長さは $2a$

▶教 p.106〜p.111

SPIRAL A

*194 次の楕円の焦点と頂点の座標を求め，その概形をかけ。また，長軸の長さ，
短軸の長さを求めよ。　　　　　　　　　　　　　　　　▶教 p.107 例5

(1) $\dfrac{x^2}{9} + \dfrac{y^2}{4} = 1$ 　　　　　(2) $\dfrac{x^2}{16} + \dfrac{y^2}{9} = 1$

(3) $x^2 + 9y^2 = 9$ 　　　　　　(4) $3x^2 + 4y^2 = 12$

*195 次のような楕円の方程式を求めよ。　　　　　　　　　　▶教 p.108 例題1

(1) 2点 $(3,\ 0)$, $(-3,\ 0)$ を焦点とし，焦点からの距離の和が 10

(2) 2点 $(2\sqrt{3},\ 0)$, $(-2\sqrt{3},\ 0)$ を焦点とし，焦点からの距離の和が 8

*196 次の楕円の焦点と頂点の座標を求め，その概形をかけ。また，長軸の長さ，
短軸の長さを求めよ。　　　　　　　　　　　　　　　　▶教 p.109 例6

(1) $\dfrac{x^2}{4} + \dfrac{y^2}{16} = 1$ 　　　　　(2) $\dfrac{x^2}{9} + \dfrac{y^2}{16} = 1$

(3) $4x^2 + y^2 = 4$ 　　　　　　(4) $25x^2 + 4y^2 = 100$

*197 次の曲線を求めよ。　　　　　　　　　　　　　　▶教p.110例題2

(1) 円 $x^2 + y^2 = 9$ を，x軸をもとにしてy軸方向に $\dfrac{1}{3}$ 倍して得られる曲線

(2) 円 $x^2 + y^2 = 4$ を，y軸をもとにしてx軸方向に $\dfrac{1}{2}$ 倍して得られる曲線

198 円 $x^2 + y^2 = 9$ を，x軸をもとにしてy軸方向に $\dfrac{5}{3}$ 倍して得られる曲線を求めよ。　　　　　　　　　　　　　　▶教p.110例題2

*199 次のような楕円の方程式を求めよ。

(1) 2点 $(3,\ 0)$，$(-3,\ 0)$ を焦点とし，短軸の長さが4

(2) 2点 $(0,\ 2)$，$(0,\ -2)$ を焦点とし，長軸の長さが6

(3) 2点 $(0,\ 3)$，$(0,\ -3)$ を焦点とし，焦点からの距離の和が8

SPIRAL B

200 次の楕円の方程式を求めよ。

(1) 2点 $(4,\ 0)$，$(-4,\ 0)$ を焦点とし，点 $(3,\ \sqrt{15})$ を通る楕円

(2) 2点 $(0,\ \sqrt{3})$，$(0,\ -\sqrt{3})$ を焦点とし，点 $(1,\ 2)$ を通る楕円

201 座標平面上において，線分 AB が次の条件を満たしながら，点Aはx軸上を，点Bはy軸上を動くとき，点Pの軌跡を求めよ。　▶教p.111応用例題1

*(1) AB $= 4$，線分 AB を $1:3$ に内分する点P

*(2) AB $= 7$，線分 AB を $4:3$ に内分する点P

(3) AB $= 3$，線分 AB を $2:1$ に外分する点P

▸3 ｜ 双曲線

◼ 焦点が x 軸上にある双曲線

▸教 p.112〜p.117

標準形　$\dfrac{x^2}{a^2} - \dfrac{y^2}{b^2} = 1$　$(a > 0,\ b > 0)$

焦点の座標　$F(\sqrt{a^2+b^2},\ 0),\ F'(-\sqrt{a^2+b^2},\ 0)$
頂点は $(a,\ 0),\ (-a,\ 0)$
この双曲線上の任意の点 P について　$|PF - PF'| = 2a$

漸近線の方程式　$y = \dfrac{b}{a}x,\ y = -\dfrac{b}{a}x$

◻ 焦点が y 軸上にある双曲線

標準形　$\dfrac{x^2}{a^2} - \dfrac{y^2}{b^2} = -1$　$(a > 0,\ b > 0)$

焦点の座標　$F(0,\ \sqrt{a^2+b^2}),\ F'(0,\ -\sqrt{a^2+b^2})$
頂点は $(0,\ b),\ (0,\ -b)$
この双曲線上の任意の点 P について　$|PF - PF'| = 2b$

漸近線の方程式　$y = \dfrac{b}{a}x,\ y = -\dfrac{b}{a}x$

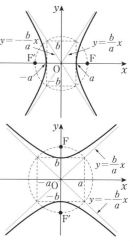

SPIRAL A

*202 次の双曲線の焦点，頂点の座標を求めよ。　　　　　　▸教 p.113 例7

(1)　$\dfrac{x^2}{8} - \dfrac{y^2}{4} = 1$ 　　　　　　(2)　$\dfrac{x^2}{9} - \dfrac{y^2}{16} = 1$

(3)　$x^2 - y^2 = 4$ 　　　　　　(4)　$4x^2 - 5y^2 = 20$

*203 次の双曲線の頂点の座標と漸近線の方程式を求めよ。また，その概形をか
け。　　　　　　　　　　　　　　　　　　　　　　▸教 p.115 例8

(1)　$\dfrac{x^2}{16} - \dfrac{y^2}{9} = 1$ 　　　　　　(2)　$x^2 - \dfrac{y^2}{4} = 1$

(3)　$x^2 - y^2 = 9$ 　　　　　　(4)　$x^2 - 9y^2 = 9$

*204 次の双曲線の頂点の座標と漸近線の方程式を求めよ。また，その概形をか
け。　　　　　　　　　　　　　　　　　　　　　　▸教 p.116 例9

(1)　$\dfrac{x^2}{25} - \dfrac{y^2}{16} = -1$ 　　　　　　(2)　$\dfrac{x^2}{9} - \dfrac{y^2}{16} = -1$

(3)　$x^2 - y^2 = -4$ 　　　　　　(4)　$4x^2 - y^2 + 4 = 0$

SPIRAL B

205 次のような双曲線の方程式を求めよ。

(1) 2点 $(2, 0)$, $(-2, 0)$ を頂点とし，焦点が $(\sqrt{5}, 0)$, $(-\sqrt{5}, 0)$

(2) 2点 $(4, 0)$, $(-4, 0)$ を焦点とし，漸近線が2直線 $y = x$, $y = -x$

206 次のような双曲線の方程式を求めよ。

(1) 2点 $(0, 3)$, $(0, -3)$ を頂点とし，焦点が $(0, 5)$, $(0, -5)$

(2) 2点 $(0, 2)$, $(0, -2)$ を焦点とし，漸近線が2直線 $y = \sqrt{3}\, x$, $y = -\sqrt{3}\, x$

207 2点 $(3, 0)$, $(-3, 0)$ を焦点とし，点 $(5, 4)$ を通る双曲線の方程式を求めよ。

208 2点 $(5, 0)$, $(-5, 0)$ を焦点とし，焦点からの距離の差が8である双曲線の方程式を求めよ。

───双曲線の方程式

例題 27 点 $(3, 0)$ を通り，2直線 $y = 2x$, $y = -2x$ を漸近線とする双曲線の方程式を求めよ。

解　与えられた条件より，頂点の1つは点 $(3, 0)$ であるから

求める双曲線の方程式は $\dfrac{x^2}{a^2} - \dfrac{y^2}{b^2} = 1$ $(a > 0,\ b > 0)$

とおける。

点 $(3, 0)$ を通るから $\dfrac{9}{a^2} = 1$　　$a > 0$ より　$a = 3$ ……①

2直線 $y = 2x$, $y = -2x$ を漸近線とするから　$\dfrac{b}{a} = 2$

①より　$b = 6$

よって，求める双曲線の方程式は $\dfrac{x^2}{9} - \dfrac{y^2}{36} = 1$ 答

209 点 $(0, 3)$ を通り，2直線 $y = 3x$, $y = -3x$ を漸近線とする双曲線の方程式を求めよ。

∴4　2次曲線の平行移動

1 曲線の平行移動

▶教p.118〜p.121

方程式 $f(x, y) = 0$ で表される図形を
x 軸方向に p, y 軸方向に q
だけ平行移動して得られる図形の方程式は
$$f(x - p, y - q) = 0$$
である。

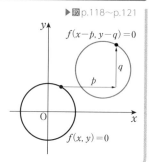

SPIRAL A

*210 次の曲線を x 軸方向に 1, y 軸方向に -2 だけ平行移動して得られる曲線の方程式と焦点の座標を求めよ。　▶教p.119例10

(1) $\dfrac{x^2}{8} + \dfrac{y^2}{4} = 1$

(2) $x^2 + \dfrac{y^2}{2} = 1$

(3) $y^2 = -8x$

(4) $x^2 = 4y$

211 次の双曲線を x 軸方向に -2, y 軸方向に 1 だけ平行移動して得られる双曲線の方程式および, 焦点の座標, 漸近線の方程式をそれぞれ求めよ。

▶教p.120例題3

(1) $x^2 - \dfrac{y^2}{3} = 1$

*(2) $x^2 - y^2 = -2$

SPIRAL B

212 次の方程式はどのような曲線を表すか。また, その概形をかけ。

▶教p.121例題4

*(1) $y^2 - 4y - 4x - 4 = 0$

(2) $x^2 + 2x - 2y + 3 = 0$

*(3) $x^2 + 4y^2 - 4x = 0$

(4) $4x^2 + 9y^2 + 8x - 18y - 23 = 0$

*(5) $x^2 - y^2 - 4x + 4y - 1 = 0$

(6) $4x^2 - y^2 + 2y + 3 = 0$

⊹**5** ２次曲線と直線

■ 1 ２次曲線と直線の共有点

▶教 p.122〜p.124

　２次曲線と直線の方程式を連立させて得られる方程式の実数解は，この曲線と直線の共有点の座標である。

　ここで得られた２次方程式の判別式を D とすると，２次曲線と直線の位置関係は次のようになる。

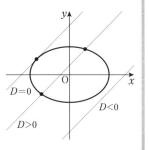

$D > 0 \iff$ 異なる２点で交わる（共有点は **2個**）
$D = 0 \iff$ 接する　　　　　　（共有点は **1個**）
$D < 0 \iff$ 共有点はない　　　（共有点は **0個**）

　なお，２次曲線と直線が接するとき，その直線を接線，共有点を接点という。

SPIRAL A

213 次の２次曲線と直線の共有点の座標を求めよ。

▶教 p.122 例題5

(1) $\dfrac{x^2}{4} + \dfrac{y^2}{8} = 1,\ y = x - 2$

*(2) $\dfrac{x^2}{16} + \dfrac{y^2}{12} = 1,\ x + 2y = 8$

(3) $\dfrac{x^2}{12} - \dfrac{y^2}{3} = 1,\ x - 2y + 4 = 0$

*(4) $2x^2 - y^2 = 1,\ 2x - y + 3 = 0$

(5) $y^2 = 6x,\ 3x + y - 12 = 0$

*(6) $y^2 = -2x,\ y = 4x + 6$

***214** 次の２次曲線と直線の共有点の個数は，k の値によってどのように変わるか調べよ。

▶教 p.123 例題6

(1) 楕円 $\dfrac{x^2}{9} + \dfrac{y^2}{4} = 1$，直線 $y = x + k$

(2) 双曲線 $\dfrac{x^2}{4} - \dfrac{y^2}{9} = 1$，直線 $y = -x + k$

(3) 放物線 $y^2 = 8x$，直線 $y = 2x + k$

第3章　平面上の曲線

SPIRAL B

*215 次の 2 次曲線上の点における接線の方程式を求めよ。 ▶國 p.124 応用例題2

(1) 放物線 $y^2 = 4x$ 上の点 $(1, -2)$

(2) 楕円 $\dfrac{x^2}{12} + \dfrac{y^2}{4} = 1$ 上の点 $(3, 1)$

(3) 双曲線 $\dfrac{x^2}{8} - \dfrac{y^2}{4} = 1$ 上の点 $(4, 2)$

―――――楕円によって切り取られる線分の中点

例題 28 楕円 $\dfrac{x^2}{4} + y^2 = 1$ と直線 $x - 2y + 1 = 0$ の 2 つの交点を P, Q とするとき, 線分 PQ の中点 M の座標を求めよ。

解 $x - 2y + 1 = 0$ より, $2y = x + 1$ ……①

また, $\dfrac{x^2}{4} + y^2 = 1$ より $x^2 + 4y^2 = 4$

これに①を代入して $x^2 + (x+1)^2 = 4$

展開して整理すると $2x^2 + 2x - 3 = 0$

交点 P, Q の座標を (x_1, y_1), (x_2, y_2) とおくと,

線分 PQ の中点 M の x 座標は $\dfrac{x_1 + x_2}{2}$

2 次方程式 $2x^2 + 2x - 3 = 0$ の解と係数の関係より

$x_1 + x_2 = -\dfrac{2}{2} = -1$

$\dfrac{x_1 + x_2}{2} = -\dfrac{1}{2}$

また, 中点 M の y 座標は①より

$2y = -\dfrac{1}{2} + 1$

$y = \dfrac{1}{4}$

よって, 中点 M の座標は $\left(-\dfrac{1}{2}, \dfrac{1}{4}\right)$ 答

216 双曲線 $x^2 - 4y^2 = 1$ と直線 $x - y + 2 = 0$ の 2 つの交点を P, Q とするとき, 線分 PQ の中点 M の座標を求めよ。

217 放物線 $y^2 = x + 3$ と直線 $x - y + 1 = 0$ の 2 つの交点を P, Q とするとき, 線分 PQ の長さと線分 PQ の中点 M の座標を求めよ。

218 双曲線 $x^2 - y^2 = -1$ と直線 $y = \dfrac{1}{2}x + 1$ の2つの交点をP，Qとする

とき，線分 PQ の長さと線分 PQ の中点 M の座標を求めよ。

SPIRAL **C**

───楕円によって切り取られる線分の中点の軌跡───

例題 29　楕円 $\dfrac{x^2}{12} + \dfrac{y^2}{4} = 1$ と直線 $y = x + k$ が異なる2点A，Bで交わるとき，

定数 k の値の範囲を求めよ。また，線分 AB の中点 M の軌跡を求めよ。

▶國 p.146 章末8

解　$y = x + k$ を $\dfrac{x^2}{12} + \dfrac{y^2}{4} = 1$ に代入して整理すると

$\qquad 4x^2 + 6kx + 3k^2 - 12 = 0$ ……①

2次方程式①の判別式を D とすると

$\qquad D = 36k^2 - 16(3k^2 - 12) = -12(k+4)(k-4)$

$D > 0$ より，k の値の範囲は　$-4 < k < 4$　答

また，交点 A，B の x 座標をそれぞれ α，β とおくと，

α，β は2次方程式①の解である。

解と係数の関係から

$\qquad \alpha + \beta = -\dfrac{6k}{4} = -\dfrac{3k}{2}$

よって，線分 AB の中点 M の座標を (x, y) とすると

$\qquad x = \dfrac{\alpha + \beta}{2} = -\dfrac{3k}{4}$ ……②

中点 M は，直線 $y = x + k$ 上の点であるから

$\qquad y = -\dfrac{3k}{4} + k = \dfrac{k}{4}$ ……③

②，③より　$y = -\dfrac{x}{3}$

ただし，$-4 < k < 4$ であるから，②より　$-3 < x < 3$

以上より，求める軌跡は，**直線 $y = -\dfrac{x}{3}$ の $-3 < x < 3$ の部分** である。　答

219 楕円 $x^2 + \dfrac{y^2}{3} = 1$ と直線 $y = -x + k$ が異なる2点A，Bで交わるとき，

定数 k の値の範囲を求めよ。また，線分 AB の中点 M の軌跡を求めよ。

思考力 PLUS　2次曲線の接線

1 2次曲線の接線

楕円 $\dfrac{x^2}{a^2} + \dfrac{y^2}{b^2} = 1$ 上の点 $(x_1,\ y_1)$ における接線の方程式は　$\dfrac{x_1 x}{a^2} + \dfrac{y_1 y}{b^2} = 1$

双曲線 $\dfrac{x^2}{a^2} - \dfrac{y^2}{b^2} = 1$ 上の点 $(x_1,\ y_1)$ における接線の方程式は　$\dfrac{x_1 x}{a^2} - \dfrac{y_1 y}{b^2} = 1$

放物線 $y^2 = 4px$ 上の点 $(x_1,\ y_1)$ における接線の方程式は　$y_1 y = 2p(x + x_1)$

SPIRAL C

———— 2次曲線の接線

例題 30　$y_1 \neq 0$ のとき，楕円 $\dfrac{x^2}{a^2} + \dfrac{y^2}{b^2} = 1$ 上の点 $(x_1,\ y_1)$ における接線の方程式は $\dfrac{x_1 x}{a^2} + \dfrac{y_1 y}{b^2} = 1$ であることを示せ。

証明　$y_1 \neq 0$ のとき $\dfrac{x_1 x}{a^2} + \dfrac{y_1 y}{b^2} = 1$ より　$y = \dfrac{b^2}{y_1}\left(1 - \dfrac{x_1 x}{a^2}\right)$

これを $\dfrac{x^2}{a^2} + \dfrac{y^2}{b^2} = 1$ に代入して整理すると

$$\left(\dfrac{x_1^2}{a^2} + \dfrac{y_1^2}{b^2}\right)x^2 - 2x_1 x + a^2\left(1 - \dfrac{y_1^2}{b^2}\right) = 0 \quad \cdots\cdots ①$$

$(x_1,\ y_1)$ は楕円 $\dfrac{x^2}{a^2} + \dfrac{y^2}{b^2} = 1$ 上の点であるから

$$\dfrac{x_1^2}{a^2} + \dfrac{y_1^2}{b^2} = 1,\ \ 1 - \dfrac{y_1^2}{b^2} = \dfrac{x_1^2}{a^2}$$

ゆえに，①は　$x^2 - 2x_1 x + x_1^2 = 0$
$$(x - x_1)^2 = 0$$

この2次方程式は重解 $x = x_1$ をもつ。すなわち，$\dfrac{x_1 x}{a^2} + \dfrac{y_1 y}{b^2} = 1$ は

楕円 $\dfrac{x^2}{a^2} + \dfrac{y^2}{b^2} = 1$ 上の点 $(x_1,\ y_1)$ における接線の方程式である。　■

220　$y_1 \neq 0$ のとき，放物線 $y^2 = 4px$ 上の点 $(x_1,\ y_1)$ における接線の方程式は $y_1 y = 2p(x + x_1)$ であることを示せ。

221　次の曲線上の与えられた点における接線の方程式を求めよ。

(1) $\dfrac{x^2}{9} + \dfrac{y^2}{4} = 1$　$\left(1,\ -\dfrac{4\sqrt{2}}{3}\right)$　(2) $x^2 - y^2 = 1$　$(3,\ 2\sqrt{2})$

(3) $y^2 = 4x$　$(4,\ -4)$

思考力 PLUS　2次曲線の離心率

1 2次曲線の離心率

▶教 p.126〜p.127

点Pと定点Fに対し，点Pから定直線 l におろした垂線を PH とするとき，$\dfrac{\mathrm{PF}}{\mathrm{PH}} = e$ である点Pの軌跡は次のような2次曲線になる。

$0 < e < 1$ のとき
　定点Fを焦点の1つとする楕円
$e = 1$ のとき
　定点Fを焦点とする放物線
$e > 1$ のとき
　定点Fを焦点の1つとする双曲線
なお，e を2次曲線の**離心率**という。

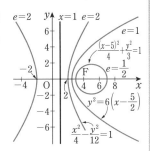

SPIRAL C

2次曲線の離心率

例題 31 定点Fの座標を $(9,\ 0)$，点Pから直線 $x = 1$ におろした垂線を PH とするとき，$\dfrac{\mathrm{PF}}{\mathrm{PH}} = 3$ である点Pの軌跡を求めよ。

▶教 p.126思考力➕

解 点Pの座標を $(x,\ y)$ とすると
$$\mathrm{PF} = \sqrt{(x-9)^2 + y^2},\ \ \mathrm{PH} = |x-1|$$
$\dfrac{\mathrm{PF}}{\mathrm{PH}} = 3$ より　$\mathrm{PF} = 3\mathrm{PH}$
ゆえに　$\sqrt{(x-9)^2 + y^2} = 3|x-1|$
両辺を2乗すると　$(x-9)^2 + y^2 = 9(x-1)^2$
展開して整理すると　$8x^2 - y^2 = 72$
すなわち，求める軌跡は
$$\text{双曲線}\ \ \frac{x^2}{9} - \frac{y^2}{72} = 1$$

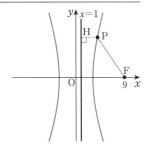

222 定点Fの座標を $(2,\ 0)$，点Pから直線 $x = \dfrac{1}{2}$ におろした垂線を PH とするとき，$\dfrac{\mathrm{PF}}{\mathrm{PH}} = 2$ である点Pの軌跡を求めよ。

223 定点Fの座標を $(1,\ 0)$，点Pから直線 $x = 3$ におろした垂線を PH とするとき，$\mathrm{PF} : \mathrm{PH} = 1 : \sqrt{3}$ である点Pの軌跡を求めよ。

2節　媒介変数表示と極座標

▶1　媒介変数表示

▶教 p.128〜p.131

1 媒介変数表示

平面上において，曲線 C 上の点 $(x,\ y)$ の座標が，変数 t を用いて

$$\begin{cases} x = f(t) \\ y = g(t) \end{cases}$$

と表されるとき，これを曲線 C の**媒介変数表示**という。

また，このときの変数 t を**媒介変数**または**パラメータ**という。

2 円と楕円の媒介変数表示

(1) 円 $x^2 + y^2 = r^2$ の媒介変数表示

$$\begin{cases} x = r\cos\theta \\ y = r\sin\theta \end{cases}$$

(2) 楕円 $\dfrac{x^2}{a^2} + \dfrac{y^2}{b^2} = 1$ の媒介変数表示

$$\begin{cases} x = a\cos\theta \\ y = b\sin\theta \end{cases}$$

(3) サイクロイドの媒介変数表示

$$\begin{cases} x = a(\theta - \sin\theta) \\ y = a(1 - \cos\theta) \end{cases}$$

SPIRAL A

*224 次のように媒介変数表示された曲線は，どのような曲線を表すか。

▶教 p.129例1

(1) $\begin{cases} x = 8t^2 \\ y = 4t \end{cases}$
(2) $\begin{cases} x = 2 - t \\ y = 1 - t^2 \end{cases}$
(3) $\begin{cases} x = 3 + 2t \\ y = 2t^2 - 6 \end{cases}$

*225 次の放物線の頂点は，t の値が変化するとき，どのような曲線を描くか。

▶教 p.129例題1

(1) $y = x^2 + 6tx - 1$
(2) $y = -2x^2 + 4tx + 4t + 1$

226 次の方程式で表される曲線を，媒介変数 θ を用いて表せ。
▶教 p.130例2

(1) $x^2 + y^2 = 1$
*(2) $x^2 + y^2 = 5$

*(3) $\dfrac{x^2}{49} + \dfrac{y^2}{9} = 1$
(4) $x^2 + \dfrac{y^2}{8} = 1$

SPIRAL **B**

227 次の放物線の頂点は，t の値が変化するとき，どのような曲線を描くか。

(1) $y = x^2 + 3tx + 6t + 3$　　　　(2) $y = -x^2 + tx + 2x + 2t + 4$

SPIRAL **C**

―――――― 2次曲線の媒介変数表示[1]

例題 32 次のように媒介変数表示された曲線は，どのような曲線を表すか。

(1) $x = 2\cos\theta - 1,\ y = 2\sin\theta + 2$

(2) $x = 2\tan\theta,\ y = \dfrac{1}{\cos\theta}$

考え方 三角関数の相互関係

$$\sin^2\theta + \cos^2\theta = 1,\ 1 + \tan^2\theta = \frac{1}{\cos^2\theta}$$

を用いて，θ を消去する。

解 (1) $\cos\theta = \dfrac{x+1}{2},\ \sin\theta = \dfrac{y-2}{2}$

これらを $\sin^2\theta + \cos^2\theta = 1$ に代入すると

$$\left(\frac{y-2}{2}\right)^2 + \left(\frac{x+1}{2}\right)^2 = 1\ \text{より}\ (x+1)^2 + (y-2)^2 = 4$$

これは，**点 $(-1,\ 2)$ を中心とする半径2の円**を表す。　**答**

(2) $\tan\theta = \dfrac{x}{2},\ \dfrac{1}{\cos\theta} = y$

これらを $1 + \tan^2\theta = \dfrac{1}{\cos^2\theta}$ に代入すると

$$1 + \left(\frac{x}{2}\right)^2 = y^2\ \text{より}\ \frac{x^2}{4} - y^2 = -1$$

これは，**双曲線 $\dfrac{x^2}{4} - y^2 = -1$** を表す。　**答**

228 次のように媒介変数表示された曲線は，どのような曲線を表すか。

(1) $x = 3\cos\theta + 1,\ y = 3\sin\theta - 3$　(2) $x = 2\cos\theta - 1,\ y = \sin\theta + 2$

(3) $x = 5\tan\theta,\ y = \dfrac{3}{\cos\theta}$　　　(4) $x = \sin\theta,\ y = \cos 2\theta$

229 次のように媒介変数表示された曲線は，どのような曲線を表すか。

(1) $x = \sqrt{t}\,,\ y = t + 2$

(2) $x = \sqrt{t+1}\,,\ y = \sqrt{t}$

(3) $x = \sqrt{4 - t^2}\,,\ y = t^2 + 4$

2次曲線の媒介変数表示[2]

例題
33
次のように媒介変数表示された曲線は，どのような曲線を表すか。

$$x = \frac{1-t^2}{1+t^2} \quad\cdots\cdots① , \qquad y = \frac{6t}{1+t^2} \quad\cdots\cdots②$$

解

①より

$$(1+t^2)x = 1-t^2$$
$$(1+x)t^2 = 1-x \quad\cdots\cdots③$$

$x = -1$ は③を満たさないから $x \neq -1$

ゆえに $t^2 = \dfrac{1-x}{1+x} \quad\cdots\cdots④$

②より $(1+t^2)y = 6t$

④を代入して $\left(1+\dfrac{1-x}{1+x}\right)y = 6t$ すなわち $\dfrac{2y}{1+x} = 6t$

よって $t = \dfrac{y}{3(1+x)} \quad\cdots\cdots⑤$

⑤を④に代入して $\dfrac{y^2}{9(1+x)^2} = \dfrac{1-x}{1+x}$

$$y^2 = 9(1-x)(1+x)$$
$$y^2 = 9(1-x^2)$$
$$x^2 + \frac{y^2}{9} = 1$$

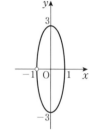

したがって，この媒介変数表示は**楕円** $x^2 + \dfrac{y^2}{9} = 1$ の $(-1, 0)$ を除く部分
を表す。 **答**

230 次のように媒介変数表示された曲線について，次の問いに答えよ。

$$x = \frac{2(1-t^2)}{1+t^2} \quad\cdots\cdots① , \qquad y = \frac{2t}{1+t^2} \quad\cdots\cdots②$$

(1) ①より t^2 を x を用いて表せ。

(2) (1)と②より，t を x，y で表せ。

(3) (1)，(2)より t を消去して，この媒介変数表示が表す曲線がどのような
　曲線か調べよ。

231 次のように媒介変数表示された曲線は，どのような曲線を表すか。

(1) $x = \dfrac{1-t^2}{1+t^2} , \qquad y = \dfrac{4t}{1+t^2}$

(2) $x = \dfrac{1+t^2}{1-t^2} , \qquad y = \dfrac{2t}{1-t^2}$

第3章

平面上の曲線

∴2　極座標

▶教 p.132〜p.135

1 極座標

平面上に点Oと半直線 OX を定めると，点Pの位置は，OP の長さ r と半直線 OX から OP へ測った角 θ によって定まる。この2つの数の組 (r, θ) を点Pの**極座標**といい，点Oを**極**，半直線 OX を**始線**，θ を**偏角**という。なお，偏角 θ は弧度法を用いて表す。

2 極座標と直交座標の関係

点Pの直交座標を (x, y)，極座標を (r, θ) とすると，次の関係が成り立つ。

$$x = r\cos\theta$$
$$y = r\sin\theta$$
$$r = \sqrt{x^2 + y^2}$$

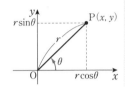

SPIRAL A

*232 次の極座標で表された点を図に示せ。

▶教 p.133例3

(1) $\left(2, \dfrac{\pi}{6}\right)$　　　(2) $\left(3, \dfrac{3}{4}\pi\right)$

(3) $\left(4, \dfrac{11}{6}\pi\right)$　　　(4) $\left(2, -\dfrac{\pi}{2}\right)$

(5) $\left(3, -\dfrac{2}{3}\pi\right)$　　　(6) $\left(4, -\dfrac{7}{4}\pi\right)$

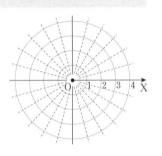

*233 右の図の正方形 ABCD において，対角線 AC と BD の交点Oを極とし，辺 AD の中点Eは始線 OX 上にあり，Eの極座標を $(1, 0)$ とする。

このとき，次の点の極座標 (r, θ) を求めよ。

ただし，$0 \leqq \theta < 2\pi$ とする。　　　▶教 p.133例4

(1) 点 A　　　(2) 点 D　　　(3) 辺 AB の中点 M

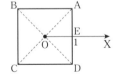

*234 極座標で表された次の点を直交座標で表せ。　　　▶教 p.134例5

(1) $\left(2, \dfrac{\pi}{4}\right)$　　　(2) $\left(4, \dfrac{2}{3}\pi\right)$　　　(3) $\left(8, \dfrac{3}{2}\pi\right)$

(4) $\left(2\sqrt{3}, \dfrac{7}{6}\pi\right)$　　　(5) $\left(3\sqrt{2}, \dfrac{5}{4}\pi\right)$　　　(6) $\left(4\sqrt{6}, \dfrac{5}{3}\pi\right)$

*235 直交座標で表された次の点を極座標 (r, θ) で表せ。
ただし，$0 \leqq \theta < 2\pi$ とする。　　　　　　　　　　　　　　　▶數 p.135 例題2

(1) $(2\sqrt{3}, 2)$　　　　　　　　　(2) $(3, 3)$

(3) $(-2, 2\sqrt{3})$　　　　　　　(4) $(-\sqrt{6}, -3\sqrt{2})$

(5) $(0, -5)$　　　　　　　　　(6) $(6, -2\sqrt{3})$

SPIRAL **B**

例題 34
　　　　　　　　　　　　　　　　　　　　　　　極座標と三角形の面積

Oを極とし，2点 A，B の極座標を A$\left(3, \dfrac{\pi}{3}\right)$，B$\left(4, \dfrac{2}{3}\pi\right)$ とするとき，

次の問いに答えよ。

(1) 線分 AB の長さを求めよ。　　　(2) △OAB の面積を求めよ。

解　(1) 右の図の △OAB において，$\angle AOB = \dfrac{2}{3}\pi - \dfrac{\pi}{3} = \dfrac{\pi}{3}$

余弦定理より

$$AB^2 = 3^2 + 4^2 - 2 \times 3 \times 4 \cos\dfrac{\pi}{3}$$
$$= 9 + 16 - 12 = 13$$

$AB > 0$ より　$AB = \sqrt{13}$　答

(2) $\triangle OAB = \dfrac{1}{2} \times 3 \times 4 \times \sin\dfrac{\pi}{3} = 3\sqrt{3}$　答

*236 Oを極とし，2点 A，B の極座標を A$\left(4, \dfrac{\pi}{6}\right)$，B$\left(\sqrt{3}, \dfrac{\pi}{3}\right)$ とするとき，

次の問いに答えよ。

(1) 線分 AB の長さを求めよ。

(2) △OAB の面積を求めよ。

237 Oを極とし，点 A の極座標を $(2r, \theta)$ とする。OA
の中点 M を中心に点 A を θ だけ回転して得られる
点をPとする。点Pの極座標を r，θ を用いて表せ。
ただし，$0 < \theta < \dfrac{\pi}{2}$ とする。

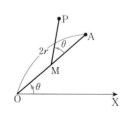

⋮3　極方程式

▶教 p.136〜p.140

1 極方程式

平面上の曲線が，極座標 $(r,\ \theta)$ の方程式

$r = f(\theta)$　または　$F(r,\ \theta)=0$　……①

で表されるとき，①をその曲線の**極方程式**という。

なお，$r<0$ のときの点 $(r,\ \theta)$ は，点 $(|r|,\ \theta+\pi)$ と定義する。

2 直線の極方程式

点 A の極座標を A$(a,\ \theta_1)$, $a>0$ とするとき，

点 A を通り，OA に垂直な直線の極方程式は　　$r\cos(\theta-\theta_1) = a$

3 円の極方程式

点 A の極座標を A$(a,\ 0)$, $a>0$ とするとき，

点 A を中心とし，半径 a の円の極方程式は　　$r = 2a\cos\theta$

SPIRAL A

*238 次の極座標で表された点を図示せよ。　　　　▶教 p.136例6

(1) $\left(-3,\ \dfrac{\pi}{4}\right)$　　　(2) $\left(-2,\ \dfrac{2}{3}\pi\right)$　　　(3) $\left(-1,\ -\dfrac{\pi}{2}\right)$

239 次の直線を図示せよ。　　　　　　　　　　　▶教 p.136例6

*(1) $\theta = \dfrac{\pi}{3}$　　　　(2) $\theta = \dfrac{\pi}{2}$　　　　(3) $\theta = \dfrac{7}{6}\pi$

240 次の点 A を通り，OA に垂直な直線の極方程式を求めよ。　▶教 p.137例7

*(1) A$\left(1,\ \dfrac{\pi}{3}\right)$　　*(2) A$\left(2,\ \dfrac{\pi}{2}\right)$　　(3) A$\left(3,\ \dfrac{3}{4}\pi\right)$

*241 次の円の極方程式を求めよ。　　　　　　　　▶教 p.137例8

(1) 中心 $(3,\ 0)$, 半径 3　　　(2) 中心 $\left(1,\ \dfrac{\pi}{2}\right)$, 半径 1

SPIRAL **B**

242 次の直交座標の方程式を極方程式で表せ。　　　　　　　▶数 p.138 例9

　　*(1)　$(x-1)^2 + y^2 = 1$　　　　　　(2)　$x^2 + \dfrac{y^2}{4} = 1$

　　*(3)　$x^2 - y^2 = -1$　　　　　　　(4)　$y^2 = 6x + 9$

243 次の極方程式の表す曲線を，直交座標 x，y の方程式で表せ。▶数 p.138 例題3

　　*(1)　$r = 8(\cos\theta + \sin\theta)$　　　　(2)　$r = 2(\sin\theta - \cos\theta)$

　　*(3)　$r = 4\cos\theta$　　　　　　　　(4)　$r = -6\sin\theta$

*244 極方程式 $r = \dfrac{1}{2 - 2\cos\theta}$ の表す曲線を，直交座標 x，y の方程式で表せ。

　　　　　　　　　　　　　　　　　　　　　　　　　　▶数 p.139 例題4

245 極方程式 $r = \dfrac{3}{2 + 2\sin\theta}$ の表す曲線を，直交座標 x，y の方程式で表せ。

　　　　　　　　　　　　　　　　　　　　　　　　　　▶数 p.139 例題4

SPIRAL **C**

　　　　　　　　　　　　　　　　　　　　　　　　　　──円の極方程式

例題 35 中心Cの極座標が $\left(2,\ \dfrac{\pi}{4}\right)$，半径が 2 である円の極方程式を求めよ。

解　$A\left(4,\ \dfrac{\pi}{4}\right)$ とすると，OA は円の直径である。

　円上の点Pの極座標を $(r,\ \theta)$ とすると，
　右の図より
　　　$OP = OA\cos\angle AOP$
　よって，求める極方程式は
　　　$r = 4\cos\left(\theta - \dfrac{\pi}{4}\right)$　答

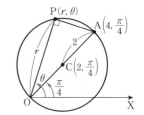

246 中心Cの極座標と半径が次のように与えられたとき，円の極方程式を求めよ。

　　(1)　$C\left(3,\ \dfrac{\pi}{6}\right)$，半径 3　　　　(2)　$C\left(2,\ -\dfrac{\pi}{3}\right)$，半径 2

解答

1 (1) ⑧　　　　(2) ②　　　　(3) ①
(4) ⑦　　　　　(5) ④　　　　(6) ⑥

2 (1) $\vec{a}$ と $\vec{f}$, $\vec{c}$ と $\vec{e}$
(2) $\vec{b}$ と $\vec{d}$

3
(1)

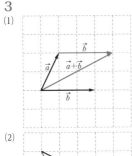

(2)

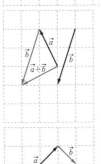

(3)

(4)

(5)

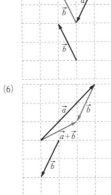

(6)

4

(1)

(2)

(3)

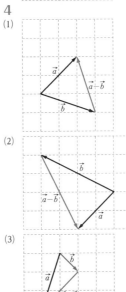

(4)

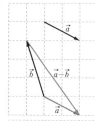

(5)

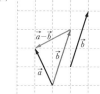

(6)

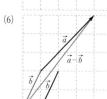

5

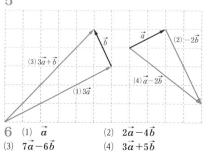

6 (1) $\vec{a}$ (2) $2\vec{a}-4\vec{b}$
(3) $7\vec{a}-6\vec{b}$ (4) $3\vec{a}+5\vec{b}$

7 $\vec{b}=2\vec{a}$, $\vec{c}=\dfrac{1}{2}\vec{a}$, $\vec{d}=-\dfrac{2}{3}\vec{a}$

8 (1) $-\dfrac{1}{2}\vec{b}$ (2) $\vec{a}+\vec{b}$

(3) $\vec{b}+\dfrac{1}{2}\vec{a}$ (4) $\vec{a}+\dfrac{1}{2}\vec{b}$

(5) $-\dfrac{1}{2}\vec{b}-\dfrac{1}{2}\vec{a}$ (6) $\dfrac{1}{2}\vec{b}-\dfrac{1}{2}\vec{a}$

9 (1) $\dfrac{1}{2}\vec{b}-\dfrac{1}{2}\vec{a}$ (2) $\dfrac{1}{2}\vec{a}+\dfrac{1}{2}\vec{b}$

(3) $-\dfrac{1}{2}\vec{a}+\vec{b}$ (4) $-\vec{a}+\dfrac{1}{2}\vec{b}$

(5) $\dfrac{1}{2}\vec{a}-\vec{b}$ (6) $-\vec{b}$

10 (1) $\dfrac{1}{2}\vec{a}-\dfrac{1}{2}\vec{b}$ (2) $-\dfrac{1}{2}\vec{a}-\dfrac{1}{2}\vec{b}$

(3) $\vec{b}+\dfrac{1}{2}\vec{a}$ (4) $\vec{b}-\dfrac{1}{2}\vec{a}$

(5) $\vec{a}$ (6) $\vec{a}-\dfrac{1}{2}\vec{b}$

11 (1) $\vec{a}+\vec{b}$ (2) $2\vec{a}$
(3) $\vec{b}-\vec{a}$ (4) $\vec{a}-\vec{b}$
(5) $2\vec{b}-\vec{a}$ (6) $\vec{b}-2\vec{a}$

12 (1) $x=-4$, $y=3$
(2) $x=3$, $y=2$
(3) $x=-2$, $y=2$
(4) $x=2$, $y=1$
(5) $x=1$, $y=-3$
(6) $x=-\dfrac{1}{3}$, $y=\dfrac{2}{3}$

13 (1) $x=9$
(2) $x=-\dfrac{3}{2}$

14 (1) $\vec{x}=\dfrac{3\vec{a}+2\vec{b}}{5}$, $\vec{y}=\dfrac{9\vec{a}-4\vec{b}}{5}$
(2) $\vec{x}=2\vec{a}-4\vec{b}$, $\vec{y}=\vec{a}-3\vec{b}$

15 (1) $-\dfrac{1}{2}\vec{a}$ (2) $\dfrac{1}{2}\vec{b}-\dfrac{1}{2}\vec{a}$

(3) $\vec{b}-\dfrac{3}{2}\vec{a}$ (4) $\vec{b}-2\vec{a}$

(5) $-\dfrac{1}{2}\vec{b}$ (6) $\dfrac{1}{2}\vec{b}-\vec{a}$

(7) $\dfrac{1}{2}\vec{a}+\dfrac{1}{2}\vec{b}$ (8) $\dfrac{3}{2}\vec{a}-\dfrac{1}{2}\vec{b}$

16 (1) $2\vec{a}$ (2) $\vec{b}-\vec{a}$
(3) $\vec{b}-2\vec{a}$ (4) $2\vec{b}-3\vec{a}$
(5) $3\vec{a}-2\vec{b}$ (6) $\vec{b}-3\vec{a}$

17 $\vec{a}=(1,\ 2)$, $|\vec{a}|=\sqrt{5}$
$\vec{b}=(-1,\ 3)$, $|\vec{b}|=\sqrt{10}$
$\vec{c}=(-3,\ 2)$, $|\vec{c}|=\sqrt{13}$
$\vec{d}=(-2,\ -4)$, $|\vec{d}|=2\sqrt{5}$
$\vec{e}=(2,\ 3)$, $|\vec{e}|=\sqrt{13}$
$\vec{f}=(4,\ -3)$, $|\vec{f}|=5$

18 (1) $(-9,\ 3)$ (2) $(-8,\ -4)$
(3) $(5,\ 5)$ (4) $(17,\ 1)$
(5) $(-11,\ 7)$ (6) $(-11,\ -3)$

19 (1) $x=\dfrac{1}{2}$ (2) $x=\dfrac{6}{5}$

20 $(6,\ 9),\ (-6,\ -9)$

21 $\left(\dfrac{4}{5},\ -\dfrac{3}{5}\right)$

22 (1) $\vec{p}=-2\vec{a}+3\vec{b}$

(2) $\vec{p}=5\vec{a}+6\vec{b}$

(3) $\vec{p}=3\vec{a}-\vec{b}$

23 $\overrightarrow{AB}=(-3,\ 5)$

$|\overrightarrow{AB}|=\sqrt{34}$

$\overrightarrow{BC}=(-2,\ -3)$

$|\overrightarrow{BC}|=\sqrt{13}$

$\overrightarrow{CA}=(5,\ -2)$

$|\overrightarrow{CA}|=\sqrt{29}$

24 $x=5,\ y=2$

25 $x=3,\ y=2$

26 $(-2,\ 1)$

27 $x=2,\ y=1$

28 $t=3$

29 (i) 平行四辺形 ABCD のとき,$x=9, y=4$

(ii) 平行四辺形 ABDC のとき,$x=1,\ y=-8$

(iii) 平行四辺形 ADBC のとき,$x=-7,\ y=0$

30 $t=\dfrac{4}{13}$ のとき,最小値 $\dfrac{7\sqrt{13}}{13}$

31 (1) 2　　(2) $-\dfrac{5\sqrt{3}}{2}$

32 (1) $\sqrt{3}+3$

(2) $1+\sqrt{3}$

(3) $-1-\sqrt{3}$

33 (1) 6　(2) 23　(3) 0　(4) $4\sqrt{2}$

34 (1) $\theta=60°$　　(2) $\theta=90°$

35 (1) $\theta=135°$　　(2) $\theta=30°$

(3) $\theta=90°$　　　　(4) $\theta=120°$

36 (1) $x=\dfrac{2}{3}$　　(2) $x=\dfrac{9}{4}$

37 (1) $(\vec{a}+2\vec{b})\cdot(\vec{a}-2\vec{b})$

$=\vec{a}\cdot(\vec{a}-2\vec{b})+2\vec{b}\cdot(\vec{a}-2\vec{b})$

$=\vec{a}\cdot\vec{a}-2\vec{a}\cdot\vec{b}+2\vec{b}\cdot\vec{a}-4\vec{b}\cdot\vec{b}$

$=\vec{a}\cdot\vec{a}-4\vec{b}\cdot\vec{b}$

$=|\vec{a}|^2-4|\vec{b}|^2$

よって $(\vec{a}+2\vec{b})\cdot(\vec{a}-2\vec{b})=|\vec{a}|^2-4|\vec{b}|^2$

(2) $|3\vec{a}+2\vec{b}|^2$

$=(3\vec{a}+2\vec{b})\cdot(3\vec{a}+2\vec{b})$

$=9\vec{a}\cdot\vec{a}+6\vec{a}\cdot\vec{b}+6\vec{b}\cdot\vec{a}+4\vec{b}\cdot\vec{b}$

$=9|\vec{a}|^2+12\vec{a}\cdot\vec{b}+4|\vec{b}|^2$

よって $|3\vec{a}+2\vec{b}|^2=9|\vec{a}|^2+12\vec{a}\cdot\vec{b}+4|\vec{b}|^2$

38 (1) $x=\pm1$　　(2) $x=-1,\ -7$

39 $(\sqrt{6},\ -5\sqrt{3}),\ (-\sqrt{6},\ 5\sqrt{3})$

40 $\left(\dfrac{3}{5},\ \dfrac{4}{5}\right),\ \left(-\dfrac{3}{5},\ -\dfrac{4}{5}\right)$

41 (1) $\sqrt{6}$　　(2) $\sqrt{30}$

42 $5\sqrt{2}$

43 $\dfrac{5}{4}$

44 (1) $\theta=60°$　　(2) $\theta=90°$

45 $\dfrac{21}{4}$

46 $t=-\dfrac{3}{8}$

47 (1) $\dfrac{1}{5\sqrt{2}}$　　(2) $\dfrac{7}{2}$

48 (1) 5　　(2) 8

49 $\vec{p}=\dfrac{4\vec{a}+3\vec{b}}{7}$

$\vec{q}=\dfrac{-2\vec{a}+5\vec{b}}{3}$

50 $\vec{l}=\dfrac{3\vec{b}+\vec{c}}{4}$

$\vec{m}=\dfrac{3}{4}\vec{c}$

$\vec{n}=\dfrac{1}{4}\vec{b}$

51

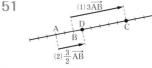

52 (1) $x=-3$　　(2) $y=2$

53 (1) $\vec{l}=\dfrac{2\vec{b}+3\vec{c}}{5}$

$\vec{m}=\dfrac{2\vec{c}+3\vec{a}}{5}$

$\vec{n}=\dfrac{2\vec{a}+3\vec{b}}{5}$

(2) $\vec{g}=\dfrac{\vec{a}+\vec{b}+\vec{c}}{3}$

(3) $\overrightarrow{AL}+\overrightarrow{BM}+\overrightarrow{CN}$

$=(\vec{l}-\vec{a})+(\vec{m}-\vec{b})+(\vec{n}-\vec{c})$

$=\vec{l}+\vec{m}+\vec{n}-(\vec{a}+\vec{b}+\vec{c})$

$=\dfrac{2\vec{b}+3\vec{c}}{5}+\dfrac{2\vec{c}+3\vec{a}}{5}+\dfrac{2\vec{a}+3\vec{b}}{5}-(\vec{a}+\vec{b}+\vec{c})$

$=\vec{a}+\vec{b}+\vec{c}-(\vec{a}+\vec{b}+\vec{c})$

$=\vec{0}$

よって　$\overrightarrow{AL}+\overrightarrow{BM}+\overrightarrow{CN}=\vec{0}$

54 点Aを基準とする点B,Dの位置ベクトルを,それぞれ $\vec{b}$,$\vec{d}$ とする。

このとき, 点 P, Q, R の位置ベクトルを, それぞれ $\vec{p}$, $\vec{q}$, $\vec{r}$ として, これらを $\vec{b}$, $\vec{d}$ で表すと

$$\vec{p}=\frac{2}{3}\vec{b}$$

$$\vec{q}=\frac{1}{4}(\vec{b}+\vec{d})$$

$$\vec{r}=\frac{2}{5}\vec{d}$$

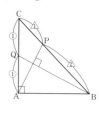

よって

$$\overrightarrow{PQ}=\vec{q}-\vec{p}$$

$$=\frac{1}{4}(\vec{b}+\vec{d})-\frac{2}{3}\vec{b}$$

$$=\frac{-5\vec{b}+3\vec{d}}{12} \quad\cdots\cdots①$$

$$\overrightarrow{PR}=\vec{r}-\vec{p}=\frac{2}{5}\vec{d}-\frac{2}{3}\vec{b}$$

$$=\frac{-10\vec{b}+6\vec{d}}{15}=\frac{2(-5\vec{b}+3\vec{d})}{15}$$

$$=\frac{8}{5}\times\frac{-5\vec{b}+3\vec{d}}{12}$$

ゆえに, ①より $\quad\overrightarrow{PR}=\frac{8}{5}\overrightarrow{PQ}$

したがって, 3 点 P, Q, R は一直線上にある。

55 点 A を基準とする点 B, C の位置ベクトルを, それぞれ $\vec{b}$, $\vec{c}$ とする。

このとき, 点 D, E, F の位置ベクトルを, それぞれ $\vec{d}$, $\vec{e}$, $\vec{f}$ として, これらを $\vec{b}$, $\vec{c}$ で表すと

$$\vec{d}=\frac{1}{3}\vec{b}$$

$$\vec{e}=\frac{1}{2}\vec{c}$$

$$\vec{f}=\frac{-\vec{b}+2\vec{c}}{2-1}$$

$$=2\vec{c}-\vec{b}$$

よって

$$\overrightarrow{DE}=\vec{e}-\vec{d}$$

$$=\frac{1}{2}\vec{c}-\frac{1}{3}\vec{b}$$

$$=\frac{-2\vec{b}+3\vec{c}}{6} \quad\cdots\cdots①$$

$$\overrightarrow{DF}=\vec{f}-\vec{d}$$

$$=(2\vec{c}-\vec{b})-\frac{1}{3}\vec{b}$$

$$=-\frac{4}{3}\vec{b}+2\vec{c}$$

$$=\frac{-4\vec{b}+6\vec{c}}{3}$$

$$=\frac{2(-2\vec{b}+3\vec{c})}{3}$$

$$=4\times\frac{-2\vec{b}+3\vec{c}}{6}$$

ゆえに, ①より $\quad\overrightarrow{DF}=4\overrightarrow{DE}$

したがって, 3 点 D, E, F は一直線上にある。

56 $\overrightarrow{OP}=\frac{2}{5}\vec{a}+\frac{1}{5}\vec{b}$

57 $\overrightarrow{OP}=\frac{1}{3}\vec{a}+\frac{4}{9}\vec{b}$

58 $\overrightarrow{AB}=\vec{b}$, $\overrightarrow{AC}=\vec{c}$ とすると

∠BAC=90° より $\quad\vec{b}\cdot\vec{c}=0 \quad\cdots\cdots①$

$$\overrightarrow{AP}=\frac{\vec{b}+2\vec{c}}{3}$$

$$=\frac{1}{3}\vec{b}+\frac{2}{3}\vec{c}$$

$$\overrightarrow{BQ}=\overrightarrow{BA}+\overrightarrow{AQ}$$

$$=-\overrightarrow{AB}+\frac{1}{2}\overrightarrow{AC}$$

$$=-\vec{b}+\frac{1}{2}\vec{c}$$

$\overrightarrow{AP}\perp\overrightarrow{BQ}$ ならば $\quad\overrightarrow{AP}\cdot\overrightarrow{BQ}=0$ より

$$\left(\frac{1}{3}\vec{b}+\frac{2}{3}\vec{c}\right)\cdot\left(-\vec{b}+\frac{1}{2}\vec{c}\right)=0$$

$$-\frac{1}{3}|\vec{b}|^2-\frac{1}{2}\vec{b}\cdot\vec{c}+\frac{1}{3}|\vec{c}|^2=0$$

①より

$$-\frac{1}{3}|\vec{b}|^2+\frac{1}{3}|\vec{c}|^2=0$$

$$|\vec{b}|^2=|\vec{c}|^2$$

ゆえに, $|\vec{b}|=|\vec{c}|$ であるから $|\overrightarrow{AB}|=|\overrightarrow{AC}|$

よって AB=AC

したがって, AP⊥BQ ならば AB=AC となる。

59 (1) 辺 BC を 4:3 に内分する点を D とするとき, **点 P は線分 AD を 7:2 に内分する点**

(2) **4:2:3**

60

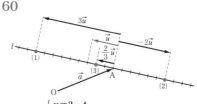

61 (1) $\begin{cases} x=2-t \\ y=3+2t \end{cases}$

$$y=-2x+7$$

(2) $\begin{cases} x=5+3t \\ y=-4t \end{cases}$

$$y=-\frac{4}{3}x+\frac{20}{3}$$

62

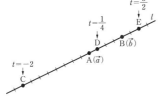

63 (1) $3x+2y-14=0$

(2) $(3,\ -4)$

64 (1) 中心の位置ベクトル $-\vec{a}$

　　半径　4

(2) 中心の位置ベクトル　$\dfrac{1}{3}\vec{a}$

　　半径　9

65 $\begin{cases} x=4+2t \\ y=5+3t \end{cases}$

$y=\dfrac{3}{2}x-1$

66 (1) 図の点Aを端点とする半直線 AB

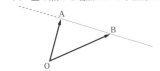

(2) 図の線分 AB

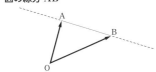

(3) 図の直線 A′B′

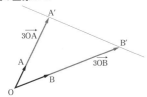

(4) 図の直線 A′B′

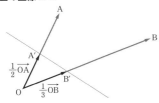

67 (1) $(\vec{p}-\vec{a})\cdot(\vec{p}-\vec{b})=0$

(2) $(x-4)^2+(y-7)^2=5$

68 図のOを端点とする2つの半直線 OP

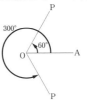

69 (1) AP⊥CA より $\overrightarrow{\text{AP}}\cdot\overrightarrow{\text{CA}}=0$

$\overrightarrow{\text{AP}}=\overrightarrow{\text{CP}}-\overrightarrow{\text{CA}}$ であるから

$(\overrightarrow{\text{CP}}-\overrightarrow{\text{CA}})\cdot\overrightarrow{\text{CA}}=0$

$\overrightarrow{\text{CP}}\cdot\overrightarrow{\text{CA}}-|\overrightarrow{\text{CA}}|^2=0$

$\overrightarrow{\text{CP}}\cdot\overrightarrow{\text{CA}}=|\overrightarrow{\text{CA}}|^2$

よって　$(\vec{p}-\vec{c})\cdot(\vec{a}-\vec{c})=|\vec{a}-\vec{c}|^2$

(2) $y=\dfrac{3}{4}x+\dfrac{23}{4}$

70 図の △OA″B″ の周および内部

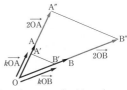

71 (1) R(4, 3, -2) (2) R(-4, 3, 2)

(3) S(4, -3, 2)　　　(4) T(4, -3, -2)

(5) U(-4, 3, -2)　　(6) V(-4, -3, 2)

(7) W(-4, -3, -2)

72 A(2, 0, 0), B(2, 3, 0), C(0, 3, 0),

Q(0, 3, 4), R(0, 0, 4), S(2, 0, 4)

73 (1) $\sqrt{17}$　　　　(2) 3

(3) $\sqrt{14}$　　　　(4) $3\sqrt{5}$

74 (1) AB$=\sqrt{14}$

　　　BC$=\sqrt{14}$

　　　CA$=3\sqrt{2}$

(2) AB$=$BC$=\sqrt{14}$ であるから

△ABC は AB$=$BC の二等辺三角形である。

75 (1) BC$=$CA の二等辺三角形

(2) ∠A$=90°$ の直角三角形

76 $x=4$

77 $\left(\dfrac{15}{2},\ 0,\ 0\right)$

78 $\left(\dfrac{8}{5},\ \dfrac{4}{5},\ 0\right)$

79 $k=\pm2\sqrt{2}$

80 $\left(\dfrac{4}{3},\ \dfrac{17}{3},\ -\dfrac{2}{3}\right)$ または $(4,\ 3,\ 2)$

81 (1) $\overrightarrow{\mathrm{AD}}$, $\overrightarrow{\mathrm{EH}}$, $\overrightarrow{\mathrm{FG}}$
(2) $\overrightarrow{\mathrm{CD}}$, $\overrightarrow{\mathrm{BA}}$, $\overrightarrow{\mathrm{FE}}$
(3) $\overrightarrow{\mathrm{EG}}$
(4) $\overrightarrow{\mathrm{CF}}$

82 (1) $\overrightarrow{\mathrm{AC}}+\overrightarrow{\mathrm{BF}}=\overrightarrow{\mathrm{AC}}+\overrightarrow{\mathrm{CG}}$
$\hspace{3.2cm}=\overrightarrow{\mathrm{AG}}$
よって $\overrightarrow{\mathrm{AC}}+\overrightarrow{\mathrm{BF}}=\overrightarrow{\mathrm{AG}}$
(2) $\overrightarrow{\mathrm{AG}}-\overrightarrow{\mathrm{EH}}=\overrightarrow{\mathrm{AG}}-\overrightarrow{\mathrm{AD}}$
$\hspace{3.2cm}=\overrightarrow{\mathrm{DG}}$
$\hspace{3.2cm}=\overrightarrow{\mathrm{AF}}$
よって $\overrightarrow{\mathrm{AG}}-\overrightarrow{\mathrm{EH}}=\overrightarrow{\mathrm{AF}}$

83 (1) $-\vec{a}+\vec{b}$ (2) $\vec{a}+\vec{c}$
(3) $-\vec{b}+\vec{c}$ (4) $\vec{a}+\vec{b}$
(5) $-\vec{a}+\vec{b}+\vec{c}$ (6) $-\vec{a}+\vec{b}-\vec{c}$

84 (1) $\overrightarrow{\mathrm{OC}}-\overrightarrow{\mathrm{OB}}$
(2) $\overrightarrow{\mathrm{OA}}-\overrightarrow{\mathrm{OB}}+\overrightarrow{\mathrm{OC}}$

85 $\overrightarrow{\mathrm{OI}}=3\vec{a}+4\vec{b}$
$\overrightarrow{\mathrm{OM}}=3\vec{a}+4\vec{b}+2\vec{c}$
$\overrightarrow{\mathrm{HN}}=-3\vec{a}+4\vec{b}+2\vec{c}$

86 (1) $\overrightarrow{\mathrm{AB}}+\overrightarrow{\mathrm{DC}}=2\overrightarrow{\mathrm{AB}}$
また
$\overrightarrow{\mathrm{AC}}+\overrightarrow{\mathrm{DB}}=(\overrightarrow{\mathrm{AB}}+\overrightarrow{\mathrm{AD}})+(\overrightarrow{\mathrm{DA}}+\overrightarrow{\mathrm{AB}})$
$\hspace{2.2cm}=(\overrightarrow{\mathrm{AB}}+\overrightarrow{\mathrm{AD}})+(-\overrightarrow{\mathrm{AD}}+\overrightarrow{\mathrm{AB}})$
$\hspace{2.2cm}=2\overrightarrow{\mathrm{AB}}$
よって $\overrightarrow{\mathrm{AB}}+\overrightarrow{\mathrm{DC}}=\overrightarrow{\mathrm{AC}}+\overrightarrow{\mathrm{DB}}$
(2) $\overrightarrow{\mathrm{AG}}-\overrightarrow{\mathrm{BH}}$
$=(\overrightarrow{\mathrm{AB}}+\overrightarrow{\mathrm{BC}}+\overrightarrow{\mathrm{CG}})-(\overrightarrow{\mathrm{BA}}+\overrightarrow{\mathrm{AD}}+\overrightarrow{\mathrm{DH}})$
$=(\overrightarrow{\mathrm{AB}}+\overrightarrow{\mathrm{AD}}+\overrightarrow{\mathrm{AE}})-(-\overrightarrow{\mathrm{AB}}+\overrightarrow{\mathrm{AD}}+\overrightarrow{\mathrm{AE}})$
$=2\overrightarrow{\mathrm{AB}}$
また
$\overrightarrow{\mathrm{DF}}-\overrightarrow{\mathrm{CE}}$
$=(\overrightarrow{\mathrm{DA}}+\overrightarrow{\mathrm{AB}}+\overrightarrow{\mathrm{BF}})-(\overrightarrow{\mathrm{CB}}+\overrightarrow{\mathrm{BA}}+\overrightarrow{\mathrm{AE}})$
$=(-\overrightarrow{\mathrm{AD}}+\overrightarrow{\mathrm{AB}}+\overrightarrow{\mathrm{AE}})-(-\overrightarrow{\mathrm{AD}}-\overrightarrow{\mathrm{AB}}+\overrightarrow{\mathrm{AE}})$
$=2\overrightarrow{\mathrm{AB}}$
よって $\overrightarrow{\mathrm{AG}}-\overrightarrow{\mathrm{BH}}=\overrightarrow{\mathrm{DF}}-\overrightarrow{\mathrm{CE}}$

87 $x=1$, $y=5$, $z=4$

88 (1) 3 (2) $5\sqrt{2}$ (3) $\sqrt{6}$

89 (1) $(8,\ -12,\ 16)$ (2) $(2,\ -3,\ -1)$
(3) $(-2,\ 3,\ 6)$ (4) $(8,\ -12,\ 1)$
(5) $(4,\ -6,\ 3)$

90 $x=10$, $y=-\dfrac{15}{2}$

91 (1) $\overrightarrow{\mathrm{AB}}=(-3,\ 2,\ 8)$
$|\overrightarrow{\mathrm{AB}}|=\sqrt{77}$
(2) $\overrightarrow{\mathrm{AB}}=(-2,\ -1,\ 0)$
$|\overrightarrow{\mathrm{AB}}|=\sqrt{5}$
(3) $\overrightarrow{\mathrm{AB}}=(-2,\ -4,\ -3)$
$|\overrightarrow{\mathrm{AB}}|=\sqrt{29}$

92 $(3,\ -3,\ 7)$

93 $x=3$, $y=6$, $z=-1$

94 $s=1$, $t=3$

95 $x=-\dfrac{13}{4}$

96 $\left(\dfrac{2}{3},\ -\dfrac{2}{3},\ \dfrac{1}{3}\right)$

97 $x=2$ のとき $|\vec{a}|$ は最小値 $2\sqrt{6}$

98 $t=1$ のとき, 最小値 $\sqrt{17}$

99 $\vec{p}=\vec{a}-2\vec{b}+3\vec{c}$

100 (1) 4 (2) 0 (3) -4

101 (1) 4 (2) 15

102 (1) $\theta=45°$ (2) $\theta=135°$ (3) $\theta=90°$

103 $x=1$

104 (1) 3 (2) $60°$ (3) $\dfrac{3\sqrt{3}}{2}$

105 (1) $\dfrac{a^2}{2}$ (2) $\dfrac{\sqrt{3}}{3}$

106 $x=2$, $y=1$ または $x=-2$, $y=-1$

107 $(1,\ 2,\ 2)$, $(-1,\ -2,\ -2)$

108 $x=3$, $y=-5$, $z=1$

109 $\theta=60°$

110 (1) $\dfrac{1}{3}\vec{a}+\dfrac{1}{6}\vec{b}-\dfrac{1}{2}\vec{c}$
(2) $-\dfrac{1}{2}\vec{b}+\dfrac{1}{4}\vec{c}$
(3) $-\dfrac{1}{3}\vec{a}-\dfrac{2}{3}\vec{b}+\dfrac{3}{4}\vec{c}$

111 $(-1,\ 3,\ 2)$

112 (1) $\mathrm{P}(5,\ -2,\ 2)$
(2) $\mathrm{Q}(4,\ -1,\ 1)$
(3) $\mathrm{R}(29,\ -26,\ 26)$

113 $x=\dfrac{5}{3}$, $y=\dfrac{14}{3}$

114 (1) $\dfrac{\vec{a}+\vec{b}+\vec{c}}{4}$
(2) $\dfrac{\vec{a}+\vec{b}+\vec{c}}{4}$

115 $\overrightarrow{\mathrm{AB}}=\vec{b}$, $\overrightarrow{\mathrm{AD}}=\vec{d}$, $\overrightarrow{\mathrm{AE}}=\vec{e}$ とすると
$\overrightarrow{\mathrm{AC}}=\vec{b}+\vec{d}$
$\overrightarrow{\mathrm{AP}}=\dfrac{1}{3}(\vec{b}+\vec{d}+\vec{e})$

$\overrightarrow{\mathrm{AM}}=\dfrac{1}{2}\vec{e}$　より

$\overrightarrow{\mathrm{MP}}=\overrightarrow{\mathrm{AP}}-\overrightarrow{\mathrm{AM}}=\dfrac{1}{3}(\vec{b}+\vec{d}+\vec{e})-\dfrac{1}{2}\vec{e}$

$\hphantom{\overrightarrow{\mathrm{MP}}}=\dfrac{1}{6}(2\vec{b}+2\vec{d}-\vec{e})$

$\overrightarrow{\mathrm{MC}}=\overrightarrow{\mathrm{AC}}-\overrightarrow{\mathrm{AM}}=\vec{b}+\vec{d}-\dfrac{1}{2}\vec{e}$

$\hphantom{\overrightarrow{\mathrm{MC}}}=\dfrac{1}{2}(2\vec{b}+2\vec{d}-\vec{e})$

よって　　$\overrightarrow{\mathrm{MC}}=3\overrightarrow{\mathrm{MP}}$

したがって，3 点 M，P，C は一直線上にある。

また，MP：MC＝1：3 より

$\hphantom{xxx}$MP：PC＝MP：(MC－MP)

$\hphantom{xxxxxxxxxx}$＝1：2

である。

116 P(0, −5, 1)
117 $m=3$, $n=2$, $x=0$
118 $x=-11$
119 $\overrightarrow{\mathrm{OL}}=\dfrac{1}{5}\overrightarrow{\mathrm{OA}}+\dfrac{1}{5}\overrightarrow{\mathrm{OB}}+\dfrac{3}{5}\overrightarrow{\mathrm{OC}}$
120 $\overrightarrow{\mathrm{OA}}=\vec{a}$, $\overrightarrow{\mathrm{OB}}=\vec{b}$, $\overrightarrow{\mathrm{OC}}=\vec{c}$,
$|\vec{a}|=|\vec{b}|=|\vec{c}|=d$　とすると

$\vec{a}\cdot\vec{b}=\vec{b}\cdot\vec{c}=\vec{c}\cdot\vec{a}=d^2\cos 60°=\dfrac{d^2}{2}$

また，点 G は △ABC の重心であるから，

$\overrightarrow{\mathrm{OG}}=\dfrac{\overrightarrow{\mathrm{OA}}+\overrightarrow{\mathrm{OB}}+\overrightarrow{\mathrm{OC}}}{3}=\dfrac{\vec{a}+\vec{b}+\vec{c}}{3}$　より

$\overrightarrow{\mathrm{OG}}\cdot\overrightarrow{\mathrm{AB}}=\dfrac{\vec{a}+\vec{b}+\vec{c}}{3}\cdot(\vec{b}-\vec{a})$

$\hphantom{\overrightarrow{\mathrm{OG}}\cdot\overrightarrow{\mathrm{AB}}}=\dfrac{1}{3}(-\vec{a}\cdot\vec{a}+\vec{b}\cdot\vec{b}+\vec{b}\cdot\vec{c}-\vec{c}\cdot\vec{a})$

$\hphantom{\overrightarrow{\mathrm{OG}}\cdot\overrightarrow{\mathrm{AB}}}=\dfrac{1}{3}\left(-d^2+d^2+\dfrac{d^2}{2}-\dfrac{d^2}{2}\right)$

$\hphantom{\overrightarrow{\mathrm{OG}}\cdot\overrightarrow{\mathrm{AB}}}=0$

すなわち　$\overrightarrow{\mathrm{OG}}\cdot\overrightarrow{\mathrm{AB}}=0$

ここで，$\overrightarrow{\mathrm{OG}}\neq\vec{0}$，$\overrightarrow{\mathrm{AB}}\neq\vec{0}$ であるから

$\hphantom{xx}$OG⊥AB

また

$\overrightarrow{\mathrm{OG}}\cdot\overrightarrow{\mathrm{AC}}=\dfrac{\vec{a}+\vec{b}+\vec{c}}{3}\cdot(\vec{c}-\vec{a})$

$\hphantom{\overrightarrow{\mathrm{OG}}\cdot\overrightarrow{\mathrm{AC}}}=\dfrac{1}{3}(-\vec{a}\cdot\vec{a}+\vec{b}\cdot\vec{c}-\vec{b}\cdot\vec{a}+\vec{c}\cdot\vec{c})$

$\hphantom{\overrightarrow{\mathrm{OG}}\cdot\overrightarrow{\mathrm{AC}}}=\dfrac{1}{3}\left(-d^2+\dfrac{d^2}{2}-\dfrac{d^2}{2}+d^2\right)$

$\hphantom{\overrightarrow{\mathrm{OG}}\cdot\overrightarrow{\mathrm{AC}}}=0$

すなわち　$\overrightarrow{\mathrm{OG}}\cdot\overrightarrow{\mathrm{AC}}=0$

ここで，$\overrightarrow{\mathrm{OG}}\neq\vec{0}$，$\overrightarrow{\mathrm{AC}}\neq\vec{0}$ であるから　OG⊥AC

121 (1) $\dfrac{5}{2}$　　　(2) $\dfrac{5}{6}$
122 H(1, 4, 1)
123 (1) $z=-4$　(2) $x=2$　(3) $y=1$
124 (1) $(x-2)^2+(y-3)^2+(z+1)^2=16$
(2) $x^2+y^2+z^2=25$
(3) $x^2+y^2+z^2=9$
(4) $(x-1)^2+(y-4)^2+(z+2)^2=4$
125 $(x-3)^2+(y-1)^2+(z+1)^2=17$
126 (1) $x=3$　(2) $y=-2$　(3) $z=1$
127 中心の座標は　(3, −2, 1)
$\hphantom{xxxx}$半径は　$\sqrt{10}$
128 (1) 円の中心は $(-2, 0, 1)$，半径は 3
(2) 円の中心は $(1, 4, 1)$，半径は 4
129

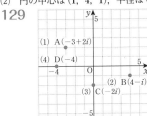

130

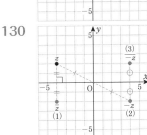

131 (1) $\sqrt{29}$　　　(2) $5\sqrt{2}$
(3) 6　　　　　　　　(4) 5
132 (1)

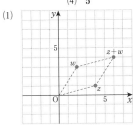

(2)

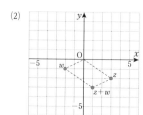

133 (1)

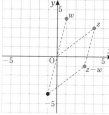

$|z-w|=\sqrt{10}$

(2)

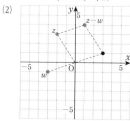

$|z-w|=\sqrt{17}$

134

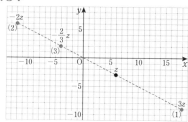

135 (1) $\sqrt{3}$ (2) 2
(3) $\sqrt{65}$ (4) $\sqrt{10}$

136

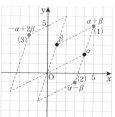

137 $(z+5-i)(\bar{z}+5+i)=5$
より $\{z+(5-i)\}\{\bar{z}+(5+i)\}=5$
$\{z+(5-i)\}\{\bar{z}+\overline{(5-i)}\}=5$
$\{z+(5-i)\}\overline{\{z+(5-i)\}}=5$
$|z+(5-i)|^2=5$
$|z+5-i|^2=5$
$|z+5-i|\geqq0$ であるから $|z+5-i|=\sqrt{5}$

138 (1) $z=\alpha^3-(\bar{\alpha})^3$ とおくと, α^3 は実数
でないから $z\neq0$ であり
$\bar{z}=\overline{\alpha^3-(\bar{\alpha})^3}=\overline{\alpha^3}-\overline{(\bar{\alpha})^3}=\overline{\alpha\alpha\alpha}-\overline{\bar{\alpha}\,\bar{\alpha}\,\bar{\alpha}}$
$=\bar{\alpha}\,\bar{\alpha}\,\bar{\alpha}-\overline{\bar{\alpha}}\,\overline{\bar{\alpha}}\,\overline{\bar{\alpha}}=(\bar{\alpha})^3-\alpha^3=-z$
よって, z すなわち $\alpha^3-(\bar{\alpha})^3$ は純虚数である。

(2) $\alpha\bar{\alpha}=1$ より $\bar{\alpha}=\dfrac{1}{\alpha}$, $\alpha=\dfrac{1}{\bar{\alpha}}$ であるから
$\bar{z}=\overline{\alpha+\dfrac{1}{\alpha}}=\bar{\alpha}+\overline{\left(\dfrac{1}{\alpha}\right)}=\bar{\alpha}+\dfrac{1}{\bar{\alpha}}=\dfrac{1}{\alpha}+\alpha=z$

よって, $z=\alpha+\dfrac{1}{\alpha}$ は実数である。

139 (1) $2\left(\cos\dfrac{\pi}{6}+i\sin\dfrac{\pi}{6}\right)$

(2) $2\left(\cos\dfrac{2}{3}\pi+i\sin\dfrac{2}{3}\pi\right)$

(3) $\sqrt{2}\left(\cos\dfrac{5}{4}\pi+i\sin\dfrac{5}{4}\pi\right)$

(4) $2\sqrt{3}\left(\cos\dfrac{5}{3}\pi+i\sin\dfrac{5}{3}\pi\right)$

(5) $4\left(\cos\dfrac{\pi}{2}+i\sin\dfrac{\pi}{2}\right)$

(6) $8(\cos\pi+i\sin\pi)$

140 (1) $z_1z_2=6\left(\cos\dfrac{11}{12}\pi+i\sin\dfrac{11}{12}\pi\right)$

$\dfrac{z_1}{z_2}=\dfrac{3}{2}\left(\cos\dfrac{5}{12}\pi+i\sin\dfrac{5}{12}\pi\right)$

(2) $z_1z_2=4\left(\cos\dfrac{5}{3}\pi+i\sin\dfrac{5}{3}\pi\right)$

$\dfrac{z_1}{z_2}=4\left(\cos\dfrac{4}{3}\pi+i\sin\dfrac{4}{3}\pi\right)$

141 (1) $z_1z_2=2\sqrt{6}\left(\cos\dfrac{13}{12}\pi+i\sin\dfrac{13}{12}\pi\right)$

$$\frac{z_1}{z_2}=\frac{\sqrt{6}}{6}\left(\cos\frac{5}{12}\pi+i\sin\frac{5}{12}\pi\right)$$

(2) $z_1z_2=2\sqrt{2}\left(\cos\frac{23}{12}\pi+i\sin\frac{23}{12}\pi\right)$

$$\frac{z_1}{z_2}=\sqrt{2}\left(\cos\frac{17}{12}\pi+i\sin\frac{17}{12}\pi\right)$$

(3) $z_1z_2=4\sqrt{2}\left(\cos\frac{\pi}{3}+i\sin\frac{\pi}{3}\right)$

$$\frac{z_1}{z_2}=\frac{\sqrt{2}}{2}\left(\cos\frac{2}{3}\pi+i\sin\frac{2}{3}\pi\right)$$

142 (1) 点 z を原点のまわりに $\frac{\pi}{4}$ だけ回転し，原点からの距離を $\sqrt{2}$ 倍した点

(2) 点 z を原点のまわりに $\frac{7}{6}\pi$ だけ回転し，原点からの距離を 2 倍した点

(3) 点 z を原点のまわりに π だけ回転し，原点からの距離を 5 倍した点

(4) 点 z を原点のまわりに $\frac{3}{2}\pi$ だけ回転し，原点からの距離を 7 倍した点

143 (1) $\dfrac{1+3\sqrt{3}\,i}{2}$

(2) $\dfrac{\sqrt{3}-5i}{2}$

144 (1) 点 z を原点のまわりに $-\frac{\pi}{6}$ だけ回転し，原点からの距離を $\frac{1}{2}$ 倍した点

(2) 点 z を原点のまわりに $-\frac{3}{4}\pi$ だけ回転し，原点からの距離を $\frac{1}{2\sqrt{2}}$ 倍した点

(3) 点 z を原点のまわりに $-\frac{\pi}{2}$ だけ回転し，原点からの距離を $\frac{1}{3}$ 倍した点

145 (1) $4\left(\cos\frac{4}{3}\pi+i\sin\frac{4}{3}\pi\right)$

(2) $14\left(\cos\frac{11}{6}\pi+i\sin\frac{11}{6}\pi\right)$

(3) $\dfrac{\sqrt{2}}{2}\left(\cos\frac{\pi}{4}+i\sin\frac{\pi}{4}\right)$

146 $\cos\dfrac{5}{12}\pi=\dfrac{\sqrt{6}-\sqrt{2}}{4}$

$\sin\dfrac{5}{12}\pi=\dfrac{\sqrt{6}+\sqrt{2}}{4}$

147 i

148 (1) $7+3\sqrt{3}\,i$

(2) $-9+7\sqrt{3}\,i$

149 $1-\dfrac{2}{3}i$

150 (1) $\cos\dfrac{11}{6}\pi+i\sin\dfrac{11}{6}\pi$

(2) $\cos\dfrac{7}{5}\pi+i\sin\dfrac{7}{5}\pi$

(3) $\cos\dfrac{11}{12}\pi+i\sin\dfrac{11}{12}\pi$

(4) $\cos\dfrac{\pi}{8}+i\sin\dfrac{\pi}{8}$

151 (1) -1

(2) $-\dfrac{1}{2}+\dfrac{\sqrt{3}}{2}i$

(3) $-i$

(4) $-\dfrac{\sqrt{3}}{2}-\dfrac{1}{2}i$

152 (1) i

(2) $\dfrac{\sqrt{3}}{2}-\dfrac{1}{2}i$

(3) $\dfrac{\sqrt{3}}{2}-\dfrac{1}{2}i$

(4) $-\dfrac{1}{2}-\dfrac{\sqrt{3}}{2}i$

153 (1) 64 (2) -4

(3) $16+16\sqrt{3}\,i$ (4) $\dfrac{1}{16}+\dfrac{1}{16}i$

154 $z_0=1$

$z_1=\cos\dfrac{2}{5}\pi+i\sin\dfrac{2}{5}\pi$

$z_2=\cos\dfrac{4}{5}\pi+i\sin\dfrac{4}{5}\pi$

$z_3=\cos\dfrac{6}{5}\pi+i\sin\dfrac{6}{5}\pi$

$z_4=\cos\dfrac{8}{5}\pi+i\sin\dfrac{8}{5}\pi$

155 (1) $z=2,\ -1+\sqrt{3}\,i,\ -1-\sqrt{3}\,i$

(2) $z=\dfrac{1}{\sqrt{2}}+\dfrac{1}{\sqrt{2}}i,\ -\dfrac{1}{\sqrt{2}}-\dfrac{1}{\sqrt{2}}i$

(3) $z=3i,\ -\dfrac{3\sqrt{3}}{2}-\dfrac{3}{2}i,\ \dfrac{3\sqrt{3}}{2}-\dfrac{3}{2}i$

(4) $z=\dfrac{\sqrt{3}}{2}+\dfrac{1}{2}i,\ -\dfrac{1}{2}+\dfrac{\sqrt{3}}{2}i,$

$-\dfrac{\sqrt{3}}{2}-\dfrac{1}{2}i,\ \dfrac{1}{2}-\dfrac{\sqrt{3}}{2}i$

156 (1) $-512i$ (2) $-\dfrac{1}{64}$

(3) $-\dfrac{\sqrt{3}}{64}+\dfrac{1}{64}i$

157 $n=4$

158 $n=3k$ のとき　2
　　　$n=3k-1,\ 3k-2$ のとき　-1

159 (1) 1　　　　(2) 0

160 1

161 (1) $z_1=5+i$
　　　　$z_2=8+7i$

(2) $z_1=\dfrac{18}{5}-\dfrac{9}{5}i$
　　$z_2=-6-21i$

162 (1) $2-i$

(2) $\dfrac{7}{3}+3i$

163 (1) 点 3 を中心とする半径 4 の円

(2) 点 $\dfrac{1}{2}i$ を中心とする半径 $\dfrac{1}{2}$ の円

164 (1) 2点 $-3,\ 2i$ を結ぶ線分の垂直二等
　　分線

(2) 原点と点 $-1+i$ を結ぶ線分の垂直二等分線

165 (1) $|z|=2$

(2) $|z-(2+i)|=5$

(3) $|z-(3+2i)|=|z-(4-7i)|$

166 $7+2i$

167 $6+5i$

168 $w=\dfrac{z_1+z_2+z_3}{3}$

169 (1) 点 $2-i$ を中心とする半径 1 の円

(2) 点 -3 を中心とする半径 4 の円

(3) 2点 $-i,\ 3$ を結ぶ線分の垂直二等分線

170 (1) 点 2 を中心とする半径 $\sqrt{5}$ の円

(2) 原点と点 $-i$ を結ぶ線分の垂直二等分線

171 点 4 を中心とする半径 3 の円

172 (1) 中心が原点, 半径 3 の円

(2) 中心が点 i, 半径 $\sqrt{5}$ の円

(3) 中心が点 $-2i$, 半径 3 の円

173 (1)

上の図の斜線部分 (境界線を含む)

(2)

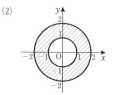

上の図の斜線部分 (境界線を含む)

(3)

上の図の斜線部分 (境界線を含まない)

174 点 $\dfrac{9}{8}i$ を中心とする半径 $\dfrac{3}{8}$ の円

175 (1) $\dfrac{\pi}{4}$　　　(2) $\dfrac{2}{3}\pi$

176 (1) $\dfrac{\pi}{2}$　　　(2) $\dfrac{5}{6}\pi$

177 (1) $k=-5$　　(2) $k=\dfrac{15}{2}$

178 (1) $\angle A=135°$ の二等辺三角形

(2) $AB:AC=1:2,\ \angle A=90°$ の直角三角形

(3) $\angle A=30°,\ \angle C=90°$ の直角三角形

179 $\gamma=3+4i$　または 5

180 $(3-\sqrt{3})+(3+2\sqrt{3}\,)i$

181 (1) $\dfrac{1\pm\sqrt{3}\,i}{2}$

(2) 正三角形

182 $\alpha\neq0$ であるから, $\alpha\bar{\beta}+\bar{\alpha}\beta=0$ の両辺を $\alpha\bar{\alpha}$ で割ると,
$$\dfrac{\bar{\beta}}{\alpha}+\dfrac{\beta}{\alpha}=0\quad\text{より}\quad\dfrac{\bar{\beta}}{\alpha}=-\overline{\left(\dfrac{\beta}{\alpha}\right)}\quad\cdots\cdots①$$
ゆえに, $\dfrac{\beta}{\alpha}\neq0$ と①より, $\dfrac{\beta}{\alpha}$ は純虚数である。
よって　$OA\perp OB$

183 四角形 ABCD
が円に内接するとき,
$\angle ACB=\angle ADB$ が成り
立つから

$$\arg\dfrac{\beta-\gamma}{\alpha-\gamma}=\arg\dfrac{\beta-\delta}{\alpha-\delta}$$
$$\cdots\cdots①$$
ゆえに, ①の値を $\theta\ (0\leqq\theta<2\pi)$ とすると, $r_1>0$, $r_2>0$ として,

$$\dfrac{\beta-\gamma}{\alpha-\gamma}=r_1(\cos\theta+i\sin\theta)$$

$$\dfrac{\beta-\delta}{\alpha-\delta}=r_2(\cos\theta+i\sin\theta)$$

と表せる。

よって，$\dfrac{\beta-\gamma}{\alpha-\gamma}\div\dfrac{\beta-\delta}{\alpha-\delta}=\dfrac{r_1}{r_2}$ であるから

$\dfrac{\beta-\gamma}{\alpha-\gamma}\div\dfrac{\beta-\delta}{\alpha-\delta}$ は実数である。

184 $z'=\dfrac{-1+\sqrt{3}\,i}{2}\overline{z}$

185 (1) $y^2=12x$

(2) $y^2=-x$

186 (1) 焦点 $\mathrm{F}\left(\dfrac{1}{2},\ 0\right)$, 準線 $x=-\dfrac{1}{2}$

(2) 焦点 $\mathrm{F}(-1,\ 0)$, 準線 $x=1$

(3) 焦点 $\mathrm{F}\left(\dfrac{1}{16},\ 0\right)$, 準線 $x=-\dfrac{1}{16}$

(4) 焦点 $\mathrm{F}\left(-\dfrac{1}{8},\ 0\right)$, 準線 $x=\dfrac{1}{8}$

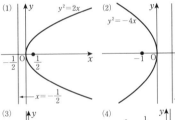

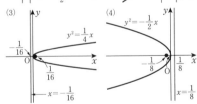

187 (1) $x^2=12y$ (2) $x^2=-\dfrac{1}{2}y$

188 (1) 焦点 $\mathrm{F}\left(0,\ \dfrac{1}{4}\right)$, 準線 $y=-\dfrac{1}{4}$

(2) 焦点 $\mathrm{F}\left(0,\ -\dfrac{1}{2}\right)$, 準線 $y=\dfrac{1}{2}$

(3) 焦点 $\mathrm{F}\left(0,\ \dfrac{1}{8}\right)$, 準線 $y=-\dfrac{1}{8}$

(4) 焦点 $\mathrm{F}\left(0,\ -\dfrac{1}{16}\right)$, 準線 $y=\dfrac{1}{16}$

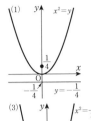

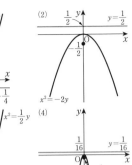

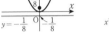

189 (1) $y^2=8x$ (2) $x^2=-12y$

190 (1) $y^2=-2x$ (2) $x^2=2\sqrt{3}\,y$

191 放物線 $y^2=16x$

192 放物線 $x^2=4y$

193 放物線 $y^2=8x$

194 (1) 焦点は

$\mathrm{F}(\sqrt{5},\ 0)$,

$\mathrm{F}'(-\sqrt{5},\ 0)$

頂点の座標は

$(3,\ 0),\ (-3,\ 0)$

$(0,\ 2),\ (0,\ -2)$

長軸の長さは 6,

短軸の長さは 4

(2) 焦点は

$\mathrm{F}(\sqrt{7},\ 0)$,

$\mathrm{F}'(-\sqrt{7},\ 0)$

頂点の座標は

$(4,\ 0),\ (-4,\ 0)$

$(0,\ 3),\ (0,\ -3)$

長軸の長さは 8,

短軸の長さは 6

(3) 焦点は

$\mathrm{F}(2\sqrt{2},\ 0),\ \mathrm{F}'(-2\sqrt{2},\ 0)$

頂点の座標は

$(3,\ 0),\ (-3,\ 0)$

$(0,\ 1),\ (0,\ -1)$

長軸の長さは 6,

短軸の長さは 2

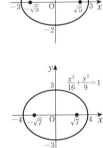

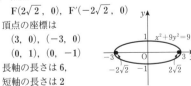

(4) 焦点は
  F$(1, 0)$, F$'(-1, 0)$
  頂点の座標は
  $(2, 0)$, $(-2, 0)$
  $(0, \sqrt{3})$, $(0, -\sqrt{3})$
  長軸の長さは 4,
  短軸の長さは $2\sqrt{3}$

195 (1) $\dfrac{x^2}{25}+\dfrac{y^2}{16}=1$

(2) $\dfrac{x^2}{16}+\dfrac{y^2}{4}=1$

196 (1) 焦点は
  F$(0, 2\sqrt{3})$,
  F$'(0, -2\sqrt{3})$
  頂点の座標は
  $(2, 0)$, $(-2, 0)$
  $(0, 4)$, $(0, -4)$
  長軸の長さは 8,
  短軸の長さは 4

(2) 焦点は
  F$(0, \sqrt{7})$,
  F$'(0, -\sqrt{7})$
  頂点の座標は
  $(3, 0)$, $(-3, 0)$
  $(0, 4)$, $(0, -4)$
  長軸の長さは 8,
  短軸の長さは 6

(3) 焦点は
  F$(0, \sqrt{3})$,
  F$'(0, -\sqrt{3})$
  頂点の座標は
  $(1, 0)$, $(-1, 0)$
  $(0, 2)$, $(0, -2)$
  長軸の長さは 4,
  短軸の長さは 2

(4) 焦点は
  F$(0, \sqrt{21})$,
  F$'(0, -\sqrt{21})$
  頂点の座標は
  $(2, 0)$, $(-2, 0)$
  $(0, 5)$, $(0, -5)$
  長軸の長さは 10,
  短軸の長さは 4

197 (1) 楕円 $\dfrac{x^2}{9}+y^2=1$

(2) 楕円 $x^2+\dfrac{y^2}{4}=1$

198 楕円 $\dfrac{x^2}{9}+\dfrac{y^2}{25}=1$

199 (1) $\dfrac{x^2}{13}+\dfrac{y^2}{4}=1$

(2) $\dfrac{x^2}{5}+\dfrac{y^2}{9}=1$

(3) $\dfrac{x^2}{7}+\dfrac{y^2}{16}=1$

200 (1) $\dfrac{x^2}{36}+\dfrac{y^2}{20}=1$

(2) $\dfrac{x^2}{3}+\dfrac{y^2}{6}=1$

201 (1) 楕円 $\dfrac{x^2}{9}+y^2=1$

(2) 楕円 $\dfrac{x^2}{9}+\dfrac{y^2}{16}=1$

(3) 楕円 $\dfrac{x^2}{9}+\dfrac{y^2}{36}=1$

202 (1) 焦点は F$(2\sqrt{3}, 0)$, F$'(-2\sqrt{3}, 0)$
  頂点の座標は $(2\sqrt{2}, 0)$, $(-2\sqrt{2}, 0)$

(2) 焦点は F$(5, 0)$, F$'(-5, 0)$
  頂点の座標は $(3, 0)$, $(-3, 0)$

(3) 焦点は F$(2\sqrt{2}, 0)$, F$'(-2\sqrt{2}, 0)$
  頂点の座標は $(2, 0)$, $(-2, 0)$

(4) 焦点は F$(3, 0)$, F$'(-3, 0)$
  頂点の座標は $(\sqrt{5}, 0)$, $(-\sqrt{5}, 0)$

203 (1) 頂点の座標は
  $(4, 0)$, $(-4, 0)$
  漸近線の方程式は
  $y=\dfrac{3}{4}x$, $y=-\dfrac{3}{4}x$

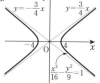

(2) 頂点の座標は
  $(1, 0)$, $(-1, 0)$
  漸近線の方程式は
  $y=2x$, $y=-2x$

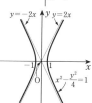

(3) 頂点の座標は
$(3, 0)$, $(-3, 0)$
漸近線の方程式は
$y=x$, $y=-x$

(4) 頂点の座標は
$(3, 0)$, $(-3, 0)$
漸近線の方程式は
$y=\dfrac{1}{3}x$, $y=-\dfrac{1}{3}x$

204 (1) 頂点の座標は
$(0, 4)$, $(0, -4)$
漸近線の方程式は
$y=\dfrac{4}{5}x$, $y=-\dfrac{4}{5}x$

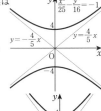

(2) 頂点の座標は
$(0, 4)$, $(0, -4)$
漸近線の方程式は
$y=\dfrac{4}{3}x$, $y=-\dfrac{4}{3}x$

(3) 頂点の座標は
$(0, 2)$, $(0, -2)$
漸近線の方程式は
$y=x$, $y=-x$

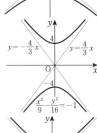

(4) 頂点の座標は
$(0, 2)$, $(0, -2)$
漸近線の方程式は
$y=2x$, $y=-2x$

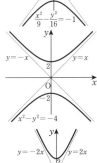
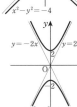

205 (1) $\dfrac{x^2}{4}-y^2=1$

(2) $\dfrac{x^2}{8}-\dfrac{y^2}{8}=1$

206 (1) $\dfrac{x^2}{16}-\dfrac{y^2}{9}=-1$

(2) $x^2-\dfrac{y^2}{3}=-1$

207 $\dfrac{x^2}{5}-\dfrac{y^2}{4}=1$

208 $\dfrac{x^2}{16}-\dfrac{y^2}{9}=1$

209 $x^2-\dfrac{y^2}{9}=-1$

210 (1) $\dfrac{(x-1)^2}{8}+\dfrac{(y+2)^2}{4}=1$
焦点の座標は $(3, -2)$, $(-1, -2)$

(2) $(x-1)^2+\dfrac{(y+2)^2}{2}=1$
焦点の座標は $(1, -1)$, $(1, -3)$

(3) $(y+2)^2=-8(x-1)$
焦点の座標は $(-1, -2)$

(4) $(x-1)^2=4(y+2)$
焦点の座標は $(1, -1)$

211 (1) $(x+2)^2-\dfrac{(y-1)^2}{3}=1$
焦点の座標は $(0, 1)$, $(-4, 1)$
漸近線の方程式は
$y=\sqrt{3}\,x+2\sqrt{3}+1$, $y=-\sqrt{3}\,x-2\sqrt{3}+1$

(2) $(x+2)^2-(y-1)^2=-2$
焦点の座標は $(-2, 3)$, $(-2, -1)$
漸近線の方程式は $y=x+3$, $y=-x-1$

212 (1) 放物線 $y^2=4x$ を x 軸方向に -2,
y 軸方向に 2 だけ平行移動した放物線

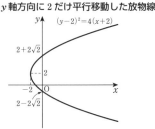

(2) 放物線 $x^2=2y$ を x 軸方向に -1, y 軸方向
に 1 だけ平行移動した放物線

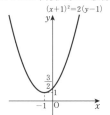

(3) 楕円 $\dfrac{x^2}{4}+y^2=1$ を x 軸方向に 2 だけ平行移動した楕円

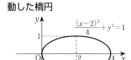

(4) 楕円 $\dfrac{x^2}{9}+\dfrac{y^2}{4}=1$ を x 軸方向に -1，y 軸方向に 1 だけ平行移動した楕円

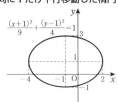

(5) 双曲線 $x^2-y^2=1$ を x 軸方向に 2，y 軸方向に 2 だけ平行移動した双曲線

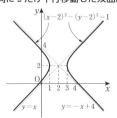

(6) 双曲線 $x^2-\dfrac{y^2}{4}=-1$ を y 軸方向に 1 だけ平行移動した双曲線

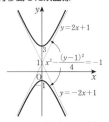

213 (1) $\left(-\dfrac{2}{3},\ -\dfrac{8}{3}\right),\ (2,\ 0)$

(2) $(2,\ 3)$

(3) $\left(-\dfrac{7}{2},\ \dfrac{1}{4}\right)$

(4) $(-1,\ 1),\ (-5,\ -7)$

(5) $\left(\dfrac{8}{3},\ 4\right),\ (6,\ -6)$

(6) $\left(-\dfrac{9}{8},\ \dfrac{3}{2}\right),\ (-2,\ -2)$

214 (1) $-\sqrt{13}<k<\sqrt{13}$ のとき　共有点は 2 個

$k=-\sqrt{13},\ \sqrt{13}$ のとき　共有点は 1 個

$k<-\sqrt{13},\ \sqrt{13}<k$ のとき　共有点は 0 個

(2) 共有点は 2 個

(3) $k<1$ のとき　共有点は 2 個

$k=1$ のとき　共有点は 1 個

$k>1$ のとき　共有点は 0 個

215 (1) $y=-x-1$　　(2) $y=-x+4$

(3) $y=x-2$

216 $\left(-\dfrac{8}{3},\ -\dfrac{2}{3}\right)$

217 $PQ=3\sqrt{2}$

中点 M の座標は　$\left(-\dfrac{1}{2},\ \dfrac{1}{2}\right)$

218 $PQ=\dfrac{2\sqrt{5}}{3}$

中点 M の座標は　$\left(\dfrac{2}{3},\ \dfrac{4}{3}\right)$

219 $-2<k<2$，

直線 $y=3x$ の $-\dfrac{1}{2}<x<\dfrac{1}{2}$ の部分

220 $y_1\neq0$ のとき $y_1y=2p(x+x_1)$ より

$$y=\dfrac{2p}{y_1}(x+x_1)$$

これを $y^2=4px$ に代入して整理すると

$$y_1{}^2x=p(x^2+2x_1x+x_1{}^2)\quad\cdots\cdots①$$

$(x_1,\ y_1)$ は放物線 $y^2=4px$ 上の点であるから，

$$y_1{}^2=4px_1$$

ゆえに，①は

$$x^2-2x_1x+x_1{}^2=0\qquad(x-x_1)^2=0$$

この 2 次方程式は重解 $x=x_1$ をもつ．すなわち，$y_1y=2p(x+x_1)$ は放物線 $y^2=4px$ 上の点 $(x_1,\ y_1)$ における接線の方程式である．

221 (1) $\dfrac{x}{9}-\dfrac{\sqrt{2}}{3}y=1$

(2) $3x-2\sqrt{2}\,y=1$　　　(3) $x+2y=-4$

222 双曲線 $x^2-\dfrac{y^2}{3}=1$

223 楕円 $\dfrac{x^2}{3}+\dfrac{y^2}{2}=1$

224 (1) 放物線 $y^2=2x$

(2) 放物線 $y=-x^2+4x-3$

(3) 放物線 $y=\dfrac{1}{2}x^2-3x-\dfrac{3}{2}$

225 (1) 放物線 $y=-x^2-1$

(2) 放物線 $y=2x^2+4x+1$

226 (1) $x=\cos\theta$, $y=\sin\theta$

(2) $x=\sqrt{5}\cos\theta$, $y=\sqrt{5}\sin\theta$

(3) $x=7\cos\theta$, $y=3\sin\theta$

(4) $x=\cos\theta$, $y=2\sqrt{2}\sin\theta$

227 (1) 放物線 $y=-x^2-4x+3$

(2) 放物線 $y=x^2+4x$

228 (1) 点 $(1,\ -3)$ を中心とする半径 3 の円

(2) 楕円 $\dfrac{x^2}{4}+y^2=1$ を x 軸方向に -1, y 軸方

向に 2 だけ平行移動した楕円

(3) 双曲線 $\dfrac{x^2}{25}-\dfrac{y^2}{9}=-1$

(4) 放物線 $y=1-2x^2$ の $-1\leqq x\leqq 1$ の部分

229 (1) 放物線 $y=x^2+2$ の $x\geqq 0$ の部分

(2) 双曲線 $x^2-y^2=1$ の $x\geqq 0$, $y\geqq 0$ の部分

(3) 放物線 $y=-x^2+8$ の $0\leqq x\leqq 2$ の部分

230 (1) $t^2=\dfrac{2-x}{2+x}$　(2) $t=\dfrac{2y}{2+x}$

(3) 楕円 $\dfrac{x^2}{4}+y^2=1$ の点 $(-2,\ 0)$ を除く部分

231 (1) 楕円 $x^2+\dfrac{y^2}{4}=1$ の点 $(-1,\ 0)$ を除

く部分

(2) 双曲線 $x^2-y^2=1$ の点 $(-1,\ 0)$ を除く部分

232

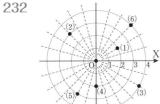

233 (1) $A\left(\sqrt{2},\ \dfrac{\pi}{4}\right)$ (2) $D\left(\sqrt{2},\ \dfrac{7}{4}\pi\right)$

(3) $M\left(1,\ \dfrac{\pi}{2}\right)$

234 (1) $(\sqrt{2},\ \sqrt{2})$ (2) $(-2,\ 2\sqrt{3})$

(3) $(0,\ -8)$　　　　(4) $(-3,\ -\sqrt{3})$

(5) $(-3,\ -3)$　　　(6) $(2\sqrt{6},\ -6\sqrt{2})$

235 (1) $\left(4,\ \dfrac{\pi}{6}\right)$　　　(2) $\left(3\sqrt{2},\ \dfrac{\pi}{4}\right)$

(3) $\left(4,\ \dfrac{2}{3}\pi\right)$　　　(4) $\left(2\sqrt{6},\ \dfrac{4}{3}\pi\right)$

(5) $\left(5,\ \dfrac{3}{2}\pi\right)$　　　(6) $\left(4\sqrt{3},\ \dfrac{11}{6}\pi\right)$

236 (1) $\sqrt{7}$

(2) $\sqrt{3}$

237 $\left(2r\cos\dfrac{\theta}{2},\ \dfrac{3}{2}\theta\right)$

238

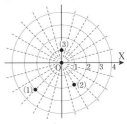

239

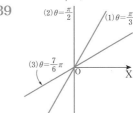

240 (1) $r\cos\left(\theta-\dfrac{\pi}{3}\right)=1$

(2) $r\cos\left(\theta-\dfrac{\pi}{2}\right)=2$

(3) $r\cos\left(\theta-\dfrac{3}{4}\pi\right)=3$

241 (1) $r=6\cos\theta$

(2) $r=2\cos\left(\theta-\dfrac{\pi}{2}\right)$

242 (1) $r=2\cos\theta$

(2) $r^2(3\cos^2\theta+1)=4$

(3) $r^2\cos 2\theta=-1$

(4) $r^2=(r\cos\theta+3)^2$

243 (1) $x^2+y^2-8x-8y=0$

(2) $x^2+y^2+2x-2y=0$

(3) $x^2+y^2-4x=0$

(4) $x^2+y^2+6y=0$

244 $y^2=x+\dfrac{1}{4}$

245 $x^2=-3y+\dfrac{9}{4}$

246 (1) $r=6\cos\left(\theta-\dfrac{\pi}{6}\right)$

(2) $r=4\cos\left(\theta+\dfrac{\pi}{3}\right)$

スパイラル数学C

●編　者　実教出版編修部

●発行者　小田　良次

●印刷所　寿印刷株式会社

●発行所　実教出版株式会社

〒102-8377
東京都千代田区五番町5
電話＜営業＞(03)3238-7777
　　＜編修＞(03)3238-7785
　　＜総務＞(03)3238-7700
https://www.jikkyo.co.jp/

002402023　　　　ISBN 978-4-407-35692-2